農学・水産学系学生のための
数理科学入門

日本水産学会 水産教育推進委員会 編
河邊 玲・北門利英・黒倉 寿・酒井久治・阪倉良孝・高木 力 著

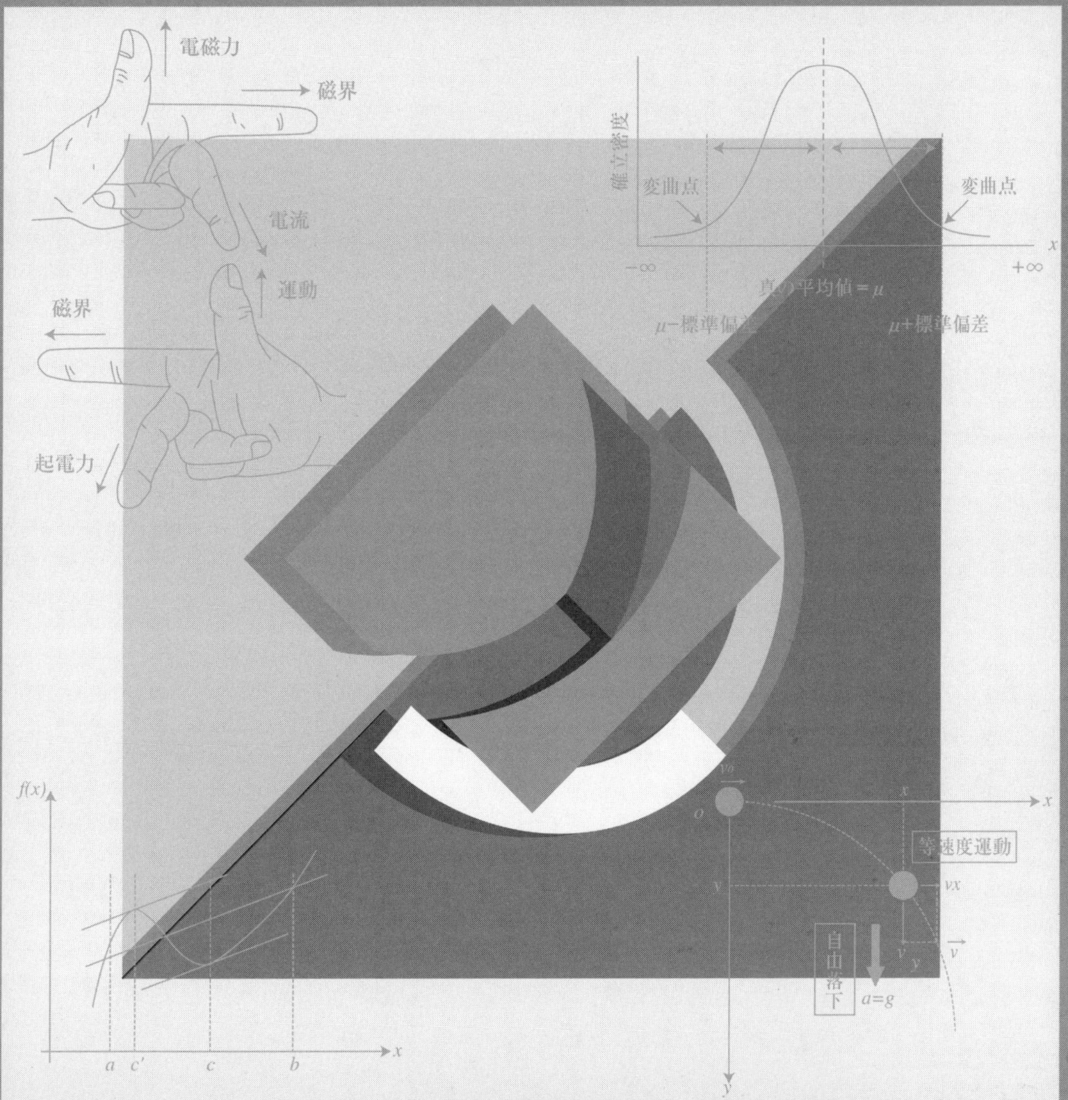

恒星社厚生閣

はじめに

農学系の大学で水産学や海洋学など水圏の応用科学を勉強している学生の皆さんは大学に入学すると，教養教育として数学や物理を学ぶ機会があると思います．あるいは自由に授業を選択できる場合には，これらの科目への苦手意識のために履修を回避することもあるのかもしれません．もしかしたら，数学や物理の勉強が社会に出てからいったい何の役に立つのか，という疑問を高校時代に感じたこともあったのではないでしょうか．大学を含め，学校の授業というものは積み重ねです．自然科学の分野の中で，数学は絶対的な真理を証明によって求める唯一の学問です（ピタゴラスの定理を思い出してください）．逆に言えば，数学の発展があって，他の自然科学が進歩したと言うことができます．人文社会科学も然りです．例えば経済学ではインフレやデフレを微分で捉えたりします．また，数学は単に方程式や問題の解き方を覚えるだけの学問ではなく，物事の関係性を理論的に理解するための考え方を鍛えるものです．つまり，数学を通じて培われる考え方は，実社会では欠かせないものなのです．

農学や水産学は自然科学と人文社会科学を基盤にした応用学問です．そして海や水産を取り巻く社会は，それらを基礎として修得し，様々な応用によって問題解決にあたることができる人材を要望しています．例を挙げたらきりがありませんが，魚介類の保蔵を行う場合には，対象とする生物の性状と保蔵する機器の電気的性能の双方が重要になりますし，海洋環境や生物資源の変動を調べるときには，機器や網（電気や力学の理解が重要）を用いた観測データを扱ったり，数学的なモデリングを検討したりします．

ですから，大学１年生のときにこれらの基礎的な内容を教養科目として勉強することが重要なのです．さらに幸いなことに，数学や物理の証明や計算に取り組むとき，多くの忍耐力と集中力を要しますが，これは皆さんが社会に出てから直面する様々な問題を注意深く解決していくときに，大いに役立つ基本的な素養となります．

農学系の大学で水圏の応用科学を学ぶ学生の皆さんについては，生物学や化学に比較して，数学や物理学の素養が乏しくなっている傾向が年々強まっていることが，現場の大学教員や，卒業生を受け入れる社会の側から憂慮されています．日本水産学会・水産教育推進委員会では，学生の皆さんにとって少しでも理解の助けとなる教材ができないか，という要望に応える形で，本書を企画・編集しました．

執筆者の先生方は水産学の様々な分野でご活躍の方々です．数学や物理学の専門家ではありませんが，日常の教育活動の中で水産系の学生の皆さんを相手に授業や実験，学位論文研究で指導にあたっており，専門教育や卒業研究が始まる前にぜひ学習しておいてほしいことを知り尽くしていらっしゃいます．本書では，高校で習った内容と大学で習い始める内容との間に生じがちなギャップをできるだけ埋めるように配慮して御執筆を頂きました．また，本書に書かれている内容は，水産系の学部教育を修了した時点でぜひマスターして欲しい事柄でもあります．そして，卒業後も忘れがちな内容の確認に活用できるものにもなっています．皆さんにとって本書が身近な一冊となることを願っています．

本書の出版にあたり，多忙な業務のかたわら御執筆頂いた黒倉　寿先生，北門利英先生，阪倉良孝先生，河邊 玲先生，高木 力先生，酒井久治先生（章順）と，執筆原稿の御査読を賜った上野公彦先生（東京海洋大学，数学の章），廣井準也先生（聖マリアンナ医科大学，統計学の章），古澤昌彦先生（東京海洋大学名誉教授，電磁気学の章），に厚く御礼を申し上げます．そして，本書の企画から刊行に至るまで忍耐強く御対応いただいた恒星社厚生閣の小浴正博氏に心より感謝申し上げます．

平成 23 年 3 月 1 日

日本水産学会 水産教育推進委員会
萩原篤志（長崎大学）・佐藤秀一（東京海洋大学）
良永知義（東京大学）・石川智士（東海大学）
渡部終五（東京大学）

目次

序章　数学・物理を学ぶ前に

§1. 微分・積分の考え方

地図を見て不思議に思ったことはないでしょうか．誰がどのようにして作ったのか．今は衛星写真や航空写真があります．自動車のナビゲーションシステムに使われているGPSは正確に緯度経度を測定しています．こうした現代の技術を使えば，地図を書くことは難しくはありません．しかし，そんな技術ができる前から地図はありました．例えば，江戸時代に伊能忠敬が作った大日本地図は，現代の地図と比べても遜色ないほど正確に日本の全体が描かれています．伊能忠敬は日本全国を歩いて地図を作りました．伊能の頭に初めから日本地図がありそれを測り直したのではありません．ある地点がある地点からどの方向にあり，そこまで歩いて何歩かかるのか，歩幅を決めて正確に測り，気が遠くなるほどたくさんの地点間の距離と方向を定めて，それらを足しあわせて，日本の全体像を作ったのです．

地図といえば，地図のない国は珍しくありません．こうした国でも人々は結構遠くまで移動します．地図がないのにどうやって移動するのでしょうか．こういう国で道を尋ねます．たいてい親切に教えてくれます．「この道を，そのまままっすぐ15分歩く，そうすると道が2つに分かれるので，左の道を行く，20分ぐらい歩くと湖のほとりに出る．湖に沿って右側にあるいて10分ぐらいすると，大きな木があって，そこのところに右側に行く道があるので，その道を歩いて20分のところの集落に目的の家はある」というように．実際，これで目的地にたどり着くことはできます．地図がなくても，次の目標までの方向と距離（時間）が正確にわかれば，目標につくことができるのです．

言いたかったことは，正確に各部分の変化がわかれば，全体像がわかって地図を描くことができるということです．「全体は部分の単純な寄せ集めではない」ということをいう人がいますね．私にはこの言葉がどのくらい正しいのかわかりません．しかし，この言葉が暗に示しているように，私たちが直接知っているのは部分であることが多いのです．部分の知識から全体像を知りたいというのは，人間の切ない願望でしょう．また，全体像が描けるような，「単純でない」正しい部分の寄せ集め方とは何かを考えたくなります．反対に，全体像を知っている場合，正しい部分の寄せ集め方を知っていれば，どこの部分でどのような変化が起こっているのかがわかるはずです．個人の生活でも，地域のレベルでも，国のレベルでも，地球規模でも全体像を変えたいことがありますね．例えばもっと痩せたいとか，人口を減らしたいとか，地球温暖化を防ぎたいというようなことです．こういうことには，例えば，食事として取り入れるエネルギー量と運動で失われるエネルギー量の差，人口あたりに生まれてくる子供の数，個々の人間活動から発生する温暖化ガスと吸収量の差のようなものが関係しているのでしょう．こういう場合，全体と部分の関係がわかっていれば，個々の部分で何が起きているのかを調べて，どの部分で，どこをどのくらい増やしたり減らしたりしたらよいのかわかります．具体的にどうすればよいのかを選択することができます．部分がわかれば全体像がわかり，全体像がわかれば部分がわかるというような，部分と全体の関係をとらえる方法があれば，とても便利だということです．多くの科学は部分と全体の関係をとらえようとしているのです．また，多くの技術はこのような関係を巧みに利用して，生活に必要な道具や仕組みを作りだしているのです．微分と積分に関する数学もそのような科学の 1 つで，一般性が広くとても役立つものです．

微分・積分は数学の一分野です．数学という名前には数という文字が入っていますから，数を扱う学問分野だと思われがちです．計算の仕方だと思っている人もいます．しかし，数を扱わない数学もたくさんあります．計算しない数学もあります．数学とは，ある仕組み（表現の仕方）とそれと関係する別の仕組み（表現の仕方）の関係を法則的にとらえようとするものです．ある法則があるらしいのだけれど，その法則がいつでも成り立つのか，どんな条件で成り立つのか，それらを私たちがもっている常識という仕組みで説明できないかと考えたりします．もちろん数学にも苦手なものがあります．気まぐれです．数学はたいていの場合，ある一定の法則がある範囲で成り立っているときに，それと関係する現象をどのように表すことができるかを考えることが多いのです．もちろん，数学の中にもそのような不規則な扱う数学もありますが，ここではそのことは考えません．

ここで地図に戻って考えると，ある範囲である法則が常に成り立っているとは，例えば，10 分歩いたら必ず右に曲がるというようなことです．この場合，もし，人が平面を歩いているのならば，40 分後には元の位置に戻ることになります．各部分での変化が正しく記述されていれば，全体がわかるということはこういうことです．ところで，この時，地図上に，この人が歩いた道筋を描くと正方形になりますね．こういう線を軌跡といいます．出発点も曲がり角に含めると，同じ距離歩いて，直角に 4 回曲がると，正方形になる．では，いつも少しずつ右側から直角に引っ張られて，いつも同じ角度ずつまがりながら同じ速度で歩いて行ったらどうなるでしょう．これはすぐわかりますね．いつも少しずつまがっていて角がないのだから，角がなくていつも少しずつ同じだけまがっている形，つまり円になるはずです．同じ速度で歩いてまっすぐ進む方向に対して直角にいつも引っ張られていると円を描く．この感じが積分です．円を描いて同じ速度で回転している物は，いつも同じ方向（中心）から，一定の力で引っ張られている．この感じが微分です．

ところで，さっきは，地図上で移動した跡をたどった線を軌跡といいましたね．これ以外にもいろいろな軌跡が描けます．例えば，この一定間隔で直角に曲がる例の場合，出発点からの距離が時間とともにどのように変わるのかという軌跡も描けます．時間に対する出発点からの距離の軌跡と言えばよいと思います．堅い言い方にすると，「時間 t に対して移動する点 p の原点からの距離の軌跡」です．この場合も部分の変化がわかると，それが描く様々な軌跡（全体像）が描けます．もっとも，その場合にも，例えば出発点をどこにするかというような，いくつかの条件を外から与える必要もあります．

微分·積分は様々なところに使われますが，普通，最初に習うのは，点の運動だと思います．ニュートンの運動方程式です．そこでまず，点の運動について考えてみましょう．点の名前は P です．同じ速度で同じ方向に移動している（等速直線運動）点を考えます．距離を L とします．速度は v です．簡単にするため，この場合 $v=1$ です．ここで速度 v の変化量 α を考えます．この場合 α は 0 ですね．つまり，$L=Vt$，$v=1$，$\alpha=0$．まず出発点からの距離 L，速度 v，速度の変化量 α の時間に対する軌跡を描きます．

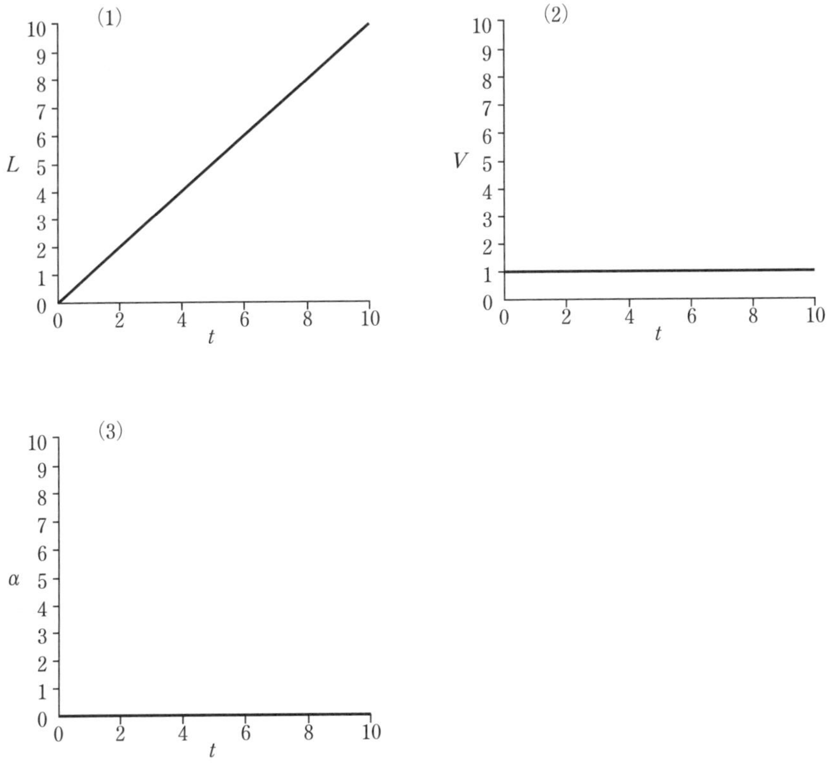

図 2 のグラフは，図 1 のグラフで示した時間ごとの点 P の出発点からの距離の軌跡，点 P の各時間における速度を示したものですから，各点における位置の変化量です．つまり，図 1 の微分が図 2 で，図 2 の積分が図 1 ということになります．また，図 3 は，図 2 に示した P の速度の変化量ですから，図 2 の微分ということになり，図 3 の積分が図 2 ということになります．次に，速度が一定の割合で変化する例について考えます．変化する量は，一単位の t に対して，1 増えることにしましょう．つまり，$v = t$ ということです．そうすると $\alpha = 1$ ですね．一定の速度で増えるという式は $v = \alpha t + \beta$ と表せますが，この場合 $\alpha = 1$ で $\beta = 0$ ということで，$v = t$ という式になります．L, v, α の時間による変化の軌跡を書くと次ページのようになります．

図 4 の曲線は

$$L = \frac{1}{2}t^2$$

という式です．縦軸の最大値が 50 になっていること，つまり，他の図に比べて立て軸が 1/5 に縮小されているに注意してください．上の図の微分が下の図，下の図の積分が上の図になっています．ここでやりたいのは，図 4 についてなぜそんな形になるのかという説明です．

ここで，前の例にあげた等速運動の図にもどって，L の図 7 と v の図 8 がどのようになっているのかを見てみましょう．

図 7，8 をよく見ると気がつくことがあります．図には，$t = 6$ のところに線を引いてみました．そうすると，$t = 6$ の時の L は 6 です．一方，$t = 6$ の時，図 8 の v の縦軸と，t の横軸，$v = 1$ の線，$t = 6$

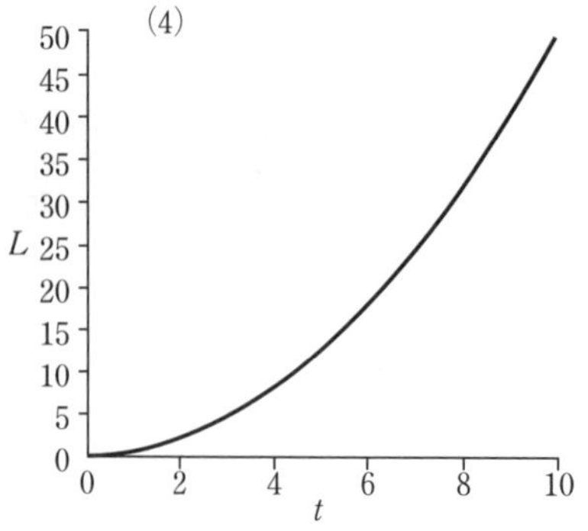

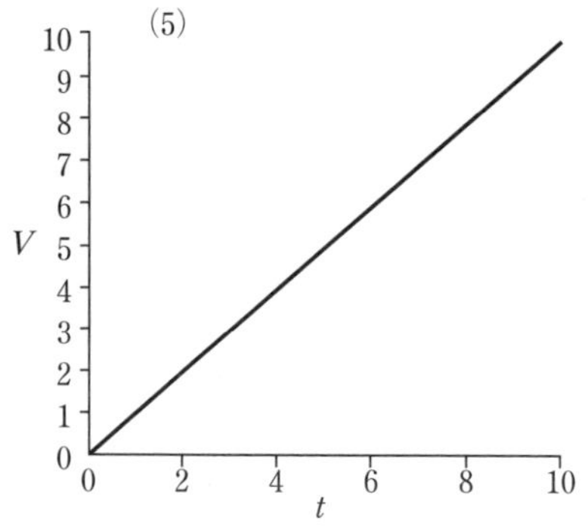

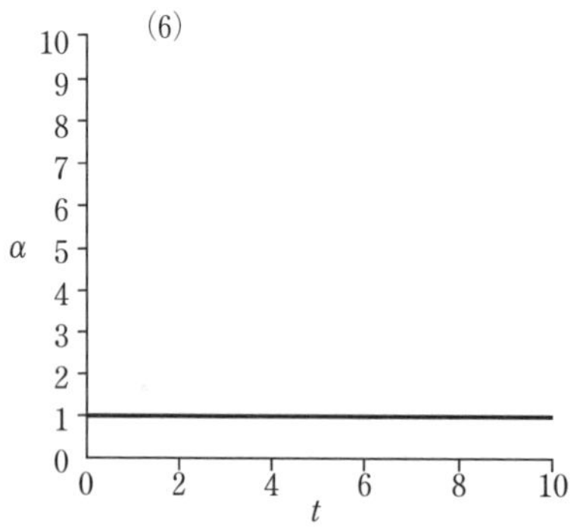

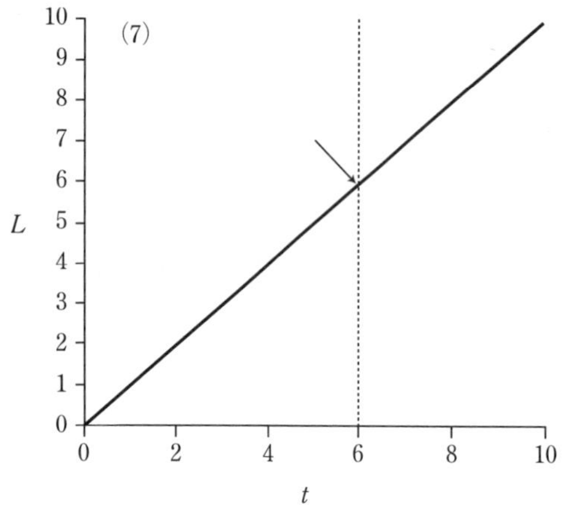

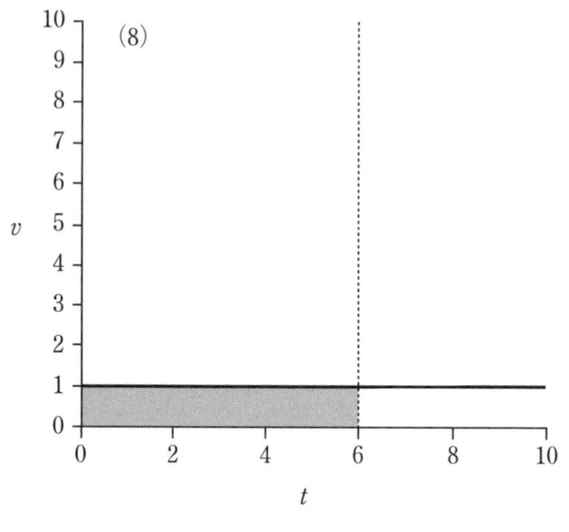

の線で囲まれた四角形（▒部分）の面積も 6 です．そう思って見ると，$t = 4$ の時の四角形の面積は 4 で，L は 4，$t = 10$ の時の四角形の面積は 10 で，L も 10 である．どうもこういう関係があるらしい．もしそうならば，速度が一定の割合で変化する後の例についても同じことが言えるでしょう．

図 9，10 の場合，$v = t$ の線は原点を通るので，$t = 0$ の時，縦軸方向の長さは 0 となり，三角形になってしまいます．$t = 6$ の時に，この三角形の面積は $6 \times 6 \times 1/2$ ですね．この時，L の値も 18 です．

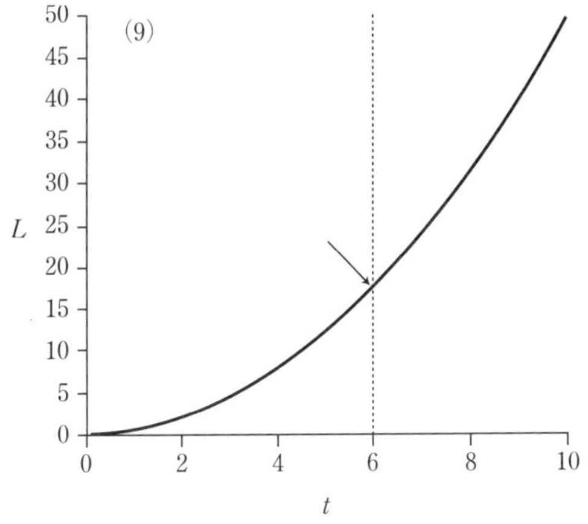

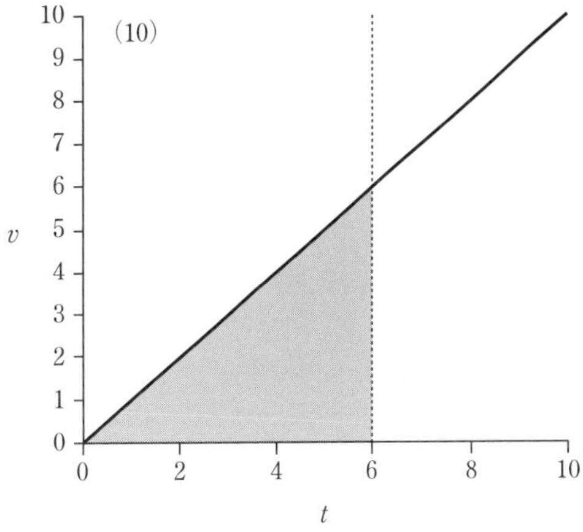

$t=4$ の時，三角形の面積は 8 で L も 8 です．$t=10$ の時は面積は 50 で，L の値も 50 です．だからどうしたと言われそうですね．たまたま一致しているだけで証明にはなっていません．でも考えてみてください．速度というのは，ある一定時間に動く距離のことなのだから，全部の時間についてそれを足し合わせれば，$t=0$ から $t=t$ までに動いた時間の総和はそれぞれの時間のところにたっている v の長さを足し合わせたものなのだから，面積になるような気がしませんか．

納得できませんか．それではもう少し丁寧に考えます．

速度が一定ならば，その速度に時間の幅を与えて，それらをかけあわせれば，その時間の間の移動距離は計算できます．難しいのは速度が変化しているということと，その幅を無限に細かくして，計算された移動距離を全部足し合わせるということですね．人間は有限の存在だから，そんな無限の作業をできるはずがない．当然です．しかし，それならば，そんなできないことは考えなければよいのです．有限の存在の人間としてできることを考える．つまり，変化しない速度について，時間の幅を与えれば，正しい答えは出なくても，正解に近い答えは出るかもしれない．
ということで，図 11 を作りました．

つまり，$t=0$ の時の速度は，$v=0$ とわかるから，$t=2$ までは速度 0 で移動した．$t=2$ そうするとこの部分の移動距離は，0×2 で 0，$t=2$ の時の速度は $v=2$ だから，その速度で $t=4$ まで移動した．そうすると，移動した距離は $2 \times (4-2)=4$ という風に考えます。そうすると，$t=10$ までに移動した距離は，図 11 の中の■で示した 4 つの長方形の，面積の和，$0+4+8+12+16=40$ です．ところで，この図 11 の□で示した三角形 1 つの面積がいくつかというと，$2 \times 2 \times 1/2=2$ です．この三角形は 5 つありますから．5 つの合計の面積は 10 です．そうすると，■のところと□のところの合計は 50 です．そんなことは当たり前で，□の部分と■の部分全体で作られている三角形，つまり $t=10$ の線と，$v=t$ の線と，横軸で囲まれた三角形の面積は $10 \times 10 \times 1/2=50$ なのだから当然だろうということになります．当然の

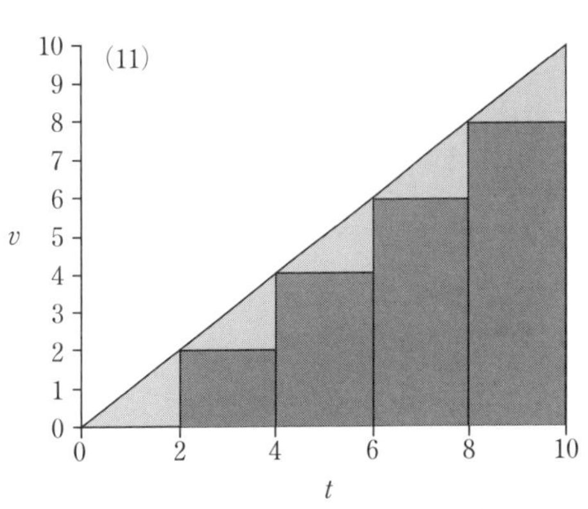

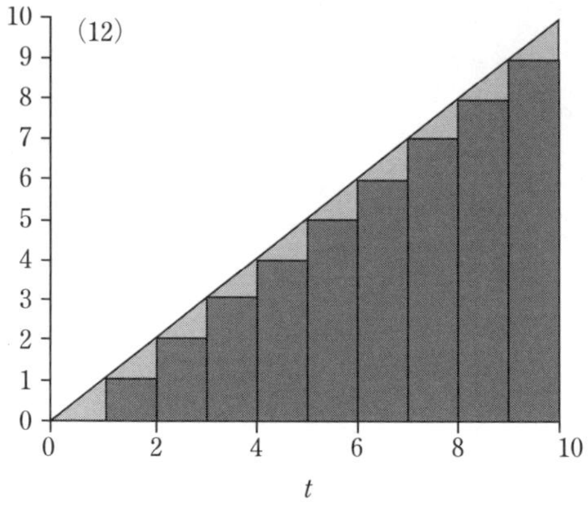

ことができたのだから，これで十分喜ばしい．

そこで，全体の三角形の面積と，■の部分の面積，□の部分の面積の関係を考えます．全体の三角形の面積は，$1/2 \times v \times t$ ですね．この場合は $v = t$ ですから，$t = 10$ の時 $v = 10$ で，$1/2 \times v \times t = 50$ です．

□の部分を d とします．■部分は S です．

$$\frac{1}{2}vt = \frac{1}{2}t^2 = S + d$$

と書けます．

これでは少し，目が粗すぎるので，もう少し時間の幅を細かくしてみます（図 12）．

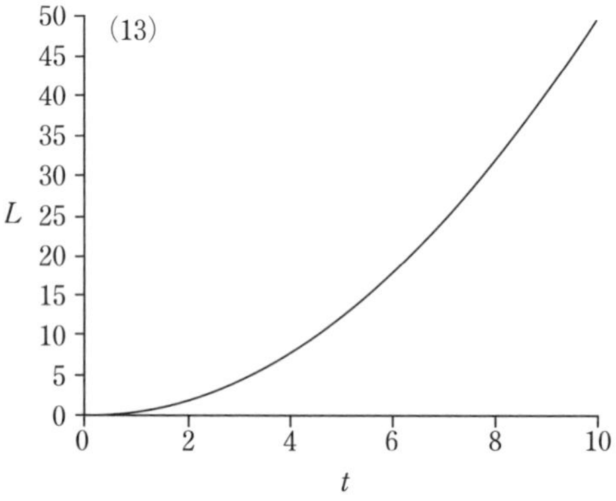

そうすると

■のところの面積 S は $1 + 2 + 3 + 4 + 5 + 6 + 7 + 8 + 9 = 45$ となります．

□のところの面積 d は $1/2 \times 10 = 5$ となります．

つまり，S は大きくなって，d は小さくなりました．■のところのひとつずつの棒の幅を小さくしていくにしたがって，d は小さくなるでしょう．S は大きくなっていきますが，d も S も正の値ですから，絶対に負になることはなく，d は限りなく 0 に近づきます．そうすると S は $1/2 \times vt = 50$ に近づいていくことがわかるでしょう．私たちが知りたかったのは，一つ一つの■の長方形の幅を無限に狭めていった時の S の値でしたね．つまり，私たちが求めていた S は $1/2 \times t^2$ ということになります．これは t がどんな値でも成り立つ式ですから，軌跡が描けて，その軌跡が

$$L = \frac{1}{2}t^2$$

ということになります．

ずいぶんまわりくどい説明でしたね．

これを反対にたどって L の微分をどのように表すかという話にすると以下のようになります．

今度は，L の代わりに y，t の代わりに x を使います．

$$L = \frac{1}{2}x^2$$

微分は

$$\frac{dy}{dx} = x$$

と表せます．dy/dx は，y を x で微分したものという記号です．とても短い x の変化の間の y の変化という意味です．簡単には y' と書くこともあります．

それをさらに微分したものは，

$$\frac{d\left(\frac{dy}{dx}\right)}{dx}$$

と書けることになりますが，普通これは

$$\frac{d^2y}{dx^2}$$

と書きます．簡単には y'' でもよいでしょう．

この場合

$$\frac{d^2y}{dx^2}=1$$

となります．

以上の関係を $y=x^2$ について整理すると，

$y=x^2$ の時

$$\frac{dy}{dx}=2x$$

$$\frac{d^2y}{dx^2}=2$$

$$\frac{d^3y}{dx^2}=0$$

ということになります．

y に対する dy/dx，dy/dx に対する d^2y/dx^2 のように，ある関数を 1 回微分したものを，もとの関数に対する導関数と呼ぶことがあります．覚えておきましょう．

さて導関数が与えられた時，それを積分したもとの関数を考えることにします．

今までの議論からすれば，$dy/dx=1$ が与えられれば，積分して得られるもとの関数は $y=x$ でよさそうです．しかしこれは正しくありません．$Y=x+C$ が正しい答えです．

どうしてかというと，例えば，dy/dx が加速度だったとすると，それが単位時間当たり 1 増えていくということはわかりますが，時間 $x=0$ の時にどのくらいの速さで飛んでいたのかという情報を知りません．ですから時間 $x=0$ の時にどんな速度で飛んでいたにしても，一般的に式として表せるように C を加えておくのです．そういうことで C は初期条件と呼ばれています．

さて，ここまで，微分と積分の関係について説明してきましたが，この説明は一般的な教科書の説明とは違います．どうして，このような説明のしかたをしたのかというと，計算の仕方ではなくて，微分と積分の関係を感覚的に理解してもらいたかったからです．多分，感覚的にはわかったと思いますが，これまでの説明は特別な例を与えて説明しているので，一般性が確かめられていません．一般的にはまず微分の仕方を教えて，それから，その逆方向の解析である積分を理解するようになっています．この方が一般的な証明や説明としては楽です．参考のために，そちらの説明の仕方も紹介します．

まず，$y = ax^2 + bx + c$ や $y = \sin x$ や $y = e^x$ のような x の関数を一般的に $f(x)$ とあらわします．次に，その導関数，つまり微分したものを，$f'(x)$ と書くことにします．

微分とは x が微小な変化をしたときの $f(x)$ の変化量のことですね．この微小な時間を h とします．

例えば，$f(x) = x^2$ ならば　$f(x+h) = (x+h)^2$ ということです．

x の単位変化量当たりの $f(x)$ の変化量は次の式で表せますね．

$$\frac{f(x+h) - f(x)}{h}$$

この式で，h を限りなく 0 に近づけたものが $f(x)$ ですから

$$f'(x) = \lim_{h \to 0} \frac{f(x+h) - f(x)}{h}$$

というのが，一般的な部分の定義です．$\lim\limits_{h \to 0}$ というのは，h を限りなく 0 に近づけるという意味です．例えば，$f(x) = x^2$ についてこれを計算してみます．

$$f'(x) = \lim_{h \to 0} \frac{(x+h)^2 - x^2}{h}$$

となるので，

$$f'(x) = \lim_{h \to 0} \frac{x^2 + 2hx + h^2 - x^2}{h}$$

$$f'(x) = \lim_{h \to 0} (2x + h)$$

$$f'(x) = \lim_{h \to 0} 2x + \lim_{h \to 0} h$$

となって，右辺の第 1 項目は h を含まないので，そのまま $2x$，第 2 項目は h そのものですから，それが 0 に近づけば当然 0 ということで，

$$f'(x) = 2x$$

ということになります．$f(x)$ をいろいろな関数にしてこれを計算してその結果を記憶しておけば，微分は簡単にできるということになります．また積分はその反対に初期条件を加えると覚えておけばよいでしょう．

$f(x) = x^n$ や，$f(x) = \sin(x)$，$f(x) = \ln(x)$ について，考えてみてください．結構難しいですね．わたくしもどうやったか思い出せないことがあります．もしできなければ，答えを誰かに聞いて結果だけ覚えておいてもかまいません．でもどういう意味なのかは理解しておいてください．

それでは，微分・積分の勉強を始めてください．

§2. 統計学の考え方（特に分散分析について）

この本で学習する統計学はよく使われる一般的な統計学ですが，この統計学の考え方は独特で，最初は少しなじみにくいところがあります．ここで扱う問題は主として，ある集団の特性値（例えば背の高さ）と別の集団の同じ項目の特性値に違いがあると言えるかどうかという問題です．もちろん，何かその違いを説明する要因（例えば牛乳をよく飲むかとか運動をよくするかというようなこと）があって，その要因が違う集団について比較しているのだから，違いがあって当然というような気もします．しかし，ここで問題にしているのは，確かに，牛乳をよく飲む人と飲まない人で背丈に違いがあると確実に言えるのかという問題です．この問題について，この統計学は独特の考え方をします．もし，この2つの集団に全く違いがなく，2つの集団を混ぜてしまった時に，2つの集団として分けられた時のそれぞれの集団の平均値の差が，まとめて作られた集団のばらつきよりも十分に大きければ，ある確率で2つの集団の平均値には差があって，例えば，牛乳を飲む人は飲まない人よりも背が高いと考えることに相当の根拠がある．という考え方をします．回りくどい理屈ですが，もう少し要約すると，もし同じ集団からたまたま選び出したのを，2つのグループに何の原則もなく分けたのだとしたら，大きな差が出ることはめったにないのだから，2つのグループを合わせて作ったグループのばらつきに比べて，グループ間の差が十分大きければ，同じ集団からたまたま選び出したグループではない．したがって，2つのグループに差があると考えることに納得できるということです．もっと簡単に言うと，同じ集団から選び出したとすれば，めったに大きな差はない．大きな差があったのだから，同じグループではないということです．この考え方の，基本になっているのは，Aならば必ずBだということがわかっている時，Bでないということがわかれば，Aではないといえるという論理です．例をあげると，カラスは必ず黒いということがわかっていれば，遠くに白い鳥が飛んでいるのを見た時，その白い鳥はカラスではないと言えるという理屈です．これは私たちが普段判断に使っている理屈ですね．しかし，この論理には困ったところもあります．もしその鳥が黒かった時はどうなるでしょう．黒い鳥には九官鳥などいくらもいます．鳥が黒いからといってカラスとは言えないでしょう．この方法では，十分な大きさの差があった場合には違いがあると言えるのですが，差が十分に大きくなかった時には同じだとは言えないのです．もう1つ問題があります．Aならば確かにBだと言えるという時の確からしさの問題です．カラスにだって白い個体があるかもしれない．ペンキ屋さんがお昼に弁当を食べているときに，カラスが襲って弁当を奪い，怒ったペンキ屋さんが，カラスを真っ白く塗ってしまったかもしれない．私たちは世界中のカラスとペンキ屋さんを知っているわけではないから．常識的にある確率で，ほとんどのカラスは黒いと知っているだけなのです．統計解析に出てくる有意水準（危険率）とはこの確からしさのことです．ある有意水準で確かだと言えるという枠の中で議論しているのです．

次に問題になるのは，2つのグループのデーターのバラつきから，仮想的に考えられる元の集団（これを母集団と言います）のバラつきを推定するということです．もともと2つのグループの平均値は違っているだろうということで，実験をしたりデーターを集めているのですから，当然，単純に2つのグループのデータを混ぜて，その平均値とバラつきを調べても，そこには，グループの違いによる差と，グループによらない，他の説明できない要因によるバラつきの両方が含まれています．これをどうやって分けるのかという問題があります．これはあまり難しくありません．バラつきは普通，個々のデーターの値と平均値の差の2乗をデーターの数から1引いた値（$n-1$）で割ったもので表現します．これを標本（不偏）分散と言います．今のように2つのグループだけの場合は，それぞれのグループ内の分散はグループによる差を含んでいませんから，両方のグループの分散の平均値をとれば，母集団の分散になるでしょう．もし，2つのグループで標本数(n)に差があれば，標本の数で重みづけして平均すればよいでしょう．もっとも，平均値が違うと分散が違うという性質をもったデーターで，2つのグループの分散に極端な差がある場合には，データを変換して，平均値による分散の違いを修正しなければなりません．ちょっと計算が面倒なことになるので，普通，この本の統計の章にあるノンパラメトリックな検定法を使います．3つ以上のグループ間の差の有意性を検討する場合には，少し数学的な技術が必要です．それについて知っておかなければならない基礎的な知識は，分散はそれを構成するいくつかの要素に分けることができるということです．

簡単に説明すると次のようなことです．

個々のデーターは次のような要素によって構成されています．

$$x_{ij} = \mu + r_i + r_{ij} \qquad \text{式 1}$$

x_{ij} というのは，i 番目のグループの j 番目のデータの意味です．μ は同じグループからデータをとってきたと考えた時のそのグループの真の平均値です．r_i というのは，i 番目のグループの平均の全体の平均値からの差です．ということは，$\mu + r_i$ が i グループの平均値ということになります．

r_{ij} はそのグループの平均値と j 番目のデータの差です．

全体の分散（s^2）は

$$\frac{1}{n-1}\sum(\mathrm{x_{ij}} - \mu)^2$$

ですから式1を使って

$$\mathrm{s}^2 = \frac{1}{n-1}\sum(r_i + r_{ij})^2$$

と書けます．

簡単のために $SS = (n-1)\mathrm{s}^2 = \sum(\mathrm{r_i} + \mathrm{r_{ij}})^2$ として SS について考えます．（SS は Sum of Square 2乗の合計という意味です）

$$SS = \sum(\mathrm{r_i} + \mathrm{r_{ij}})^2 = l\sum_{i=1}^{k} r_i^2 + 2\sum_{i=1}^{k}\sum_{j=1}^{l} r_i r_j + \sum_{i=1}^{k}\sum_{j=1}^{l} r_{ij}^2 \qquad \text{式 2}$$

です．

ここで右辺の2番目の項について考えます．

$$\sum_{i=1}^{k}\sum_{j=1}^{l} r_i r_j$$

の2番目の集合について考えると，それぞれのグループの中で平均値は同じで常数ですから，これを外に出します．

$$\sum_{i=1}^{k} r_i \sum_{j=1}^{l} r_j$$

となります．そうすると，この式の 2 番目の集合はそのグループの平均値からの差の合計ですから

$$\sum_{j=1}^{l} r_j = 0$$

となります．

つまり SS の式の第 2 項は 0 となり

$$SS = \sum (r_i + r_{ij})^2 \;= 1\sum_{i=1}^{k} r_1{}^2 + \sum_{i=1}^{k}\sum_{j=1}^{l} r_{ij}{}^2 \qquad \text{式 3}$$

となります．

元の形に戻すと

$$\sum_{i=1}^{k}\sum_{j=1}^{l}(x_{ij} - \bar{x})^2 = \sum_{i=1}^{k} l(\bar{x}_i - \bar{x})^2 + \sum_{i=1}^{k}\sum_{j=1}^{l}(x_{ij} - \bar{x}_i)^2 \qquad \text{式 4}$$

です．

$\bar{x}_i$ は i 番目のグループの平均値という意味です．

$\bar{x}$ は全体データーの平均値です．

右辺の第 1 項はグループの平均値の全体の平均値の差の 2 乗を l 倍するという意味ですね．

第2項は個々のデーターのそのグループの平均値からの差の2乗をすべて合計するという意味ですね．

この式におかしなところがあるのに気がつきましたか．式 1 では仮想的に標本を取り出したもともとの集団（母集団）の真の平均値として μ が使われていました．式 4 では，μ と書かれるべきところに $\bar{x}$（得られたデーターから求められる全データーの平均値）が使われています．μ は母集団本当の平均値で，$\bar{x}$ は得られた全データーから計算された μ の推測値ですから，厳密には違うものです．しかし，真の平均値は誰も知らないのですから，その推測値として $\bar{x}$ を代わりに使うのだと考えてください．なお，この章の終りに μ と $\bar{x}$ の関係について解説を書きましたので参考にしてください．

いずれにしても，μ のかわりに $\bar{x}$ を使うことによって SS を全データーの全体の平均からの差として計算するということを理解してください．

ここで，グループの平均値間の分散とグループ間の差を含まない分散について考えます．

グループ間の分散（s^2_g）は分散の定義によって

$$s^2{}_g = \frac{1}{k-1}\sum_{i=1}^{k}\sum_{j=1}^{l} r_1{}^2$$

です．

2 番目の項は，グループによって説明できない分散ですが，この分散はやはり定義により

$$s^2_{\mathrm{r}} = \frac{1}{j-1}\sum_{i=1}^{k}\sum_{j=1}^{l} r_{ij}^{2}$$

ですから，式3は

$$(n-1)s^2 = 1(k-1)s^2_g + (j-1)s^2_r$$

となります．

このようして，全体の分散はいくつかの要素に分けられます．

そこで，グループによって説明される分散 s^2_g がグループの違いなどの要因によって説明出来ない分散 s^2_r に比べて十分に大きいかどうかを，調べればよいということになります．

このように，分散分析では，その論理と分散を要素に分けるということを知っていると理解が容易です．

ここでは，この本で触れられているノンパラメトリックな統計解析については解説しませんでした．ノンパラメトリックな統計解析は「組み合わせ数学」と呼ばれる数学を主として応用したものです．偏りなくある現象が起こるのだとしたら，起こりえる現象にはどのくらいの数があり，その中で今観察された現象はどのくらいの割合で起こるのかと考えます．もし，めったに起こらないことが起きているのであれば，その現象はたまたま起きたのではないと考えます．組み合わせ数学はとても面白い数学です．一度勉強してみると楽しいでしょう．

§3. 数学から力学へ

この本では，物理学として，力学と電磁気学を取り上げています．物理学は運動や力や仕事量など，現象の物理的な側面を数学的に表現して，現象を理解し，その知識を応用しようとするものです．数学は物理の重要な道具です．反対に数学の説明のためにいくつかの物理現象が使われたりもするので，数学と物理は似たところがあります．しかし，ちょっとしたコツのようなものが違います．数学が抽象的・一般的であるのに比べて，物理は具体的・個別的な事象を説明しようとします．ですから，その場面に応じて不必要なものを省略したり，いくつかの要素をまとめて表現したりして，簡略化しようとします．つまり，物理では，どういう場面でそれを語ろうとしているのかを理解しておくことが重要です．例えば，私たちは地球の自転によって，常にものすごい速さで運動しているのですが，私たちの日常生活は，同じ速度で運動している地面によって支えられていますから．日常感じる世界の中のことを考える場合には，地球の自転を考慮しません．でも実際には，自転による遠心力の向きが，緯度によって変わるので，赤道と高緯度地方ではおなじ物の重さが違います．また，海流などの地球規模の現象を考えるときには，地球が常に向きを変えていることによって生ずる見かけ上の力（コリオリ力）を無視することができません．つまり，場面が変わると別の話になるように感じて，とても複雑なことを覚えなければならないような気がするのですが，実は物理の世界でも，それを支えている原理はかなり単純です．

例をあげます．

$$F = \frac{g}{4\pi}\frac{m_1 m_2}{r^2} \qquad \text{式 5}$$

これはニュートンの万有引力の法則を表した式です．

いや，ニュートンの万有引力の式は正しくは

$$F = G\frac{m_1 m_2}{r^2} \qquad \text{式 6}$$

と書かれるべきだと言う人もいるでしょう．でもあまり気にしないでください．G を $a/4\pi$ と書きなおしただけですから．どうしてそんなことをするのかというと，ニュートンなどという偉い人が考えたことを，我々凡人の頭で理解するためです．

ニュートンの万有引力の法則つまり式 6 の意味は，物質の間には引力という力が働き，その力は，引き合う 2 つの物質の質量（ここでは m_1 と m_2）の積に比例し，物質間の距離の 2 乗に反比例するということです．厳密には重さと質量は違いますが，物を引っ張る力は重さに比例しそうだから，2 つの物質の間の力はその 2 つの物質の重さの積に比例するというのは感覚的に納得できます．では距離の 2 乗に反比例するとはどういうことでしょうか．式 5 の右辺を見てください．1 つの分数にまとめると，分母に $4\pi r^2$ というのが出てきます．$4\pi r^2$ って確か，半径の r の球体の表面積の式ではなかったか？

思い出せませんか．では，早速，積分を使って，球体の表面積が $4\pi r^2$ であらわされることを確認してください．

それが確認できると，式 6 の意味が解ります．つまり，引き合う 2 つの物質の質量の積に比例し，物質間の距離を半径とする球体の表面積に反比例するということです．大分，わかりやすくなってきました．ものを重力で引っ張る線のようなものをイメージします．これを重力線と呼ぶことにします．重力線 1 本が 1 単位の力をもっていることにします．ある物質の中心から放射状に重力線が出ています．ここでその物質からの距離を考えると，距離が遠くなると，その距離を半径とする球体の表面積は $4\pi r^2$ ですから，距離の 2 乗に比例して表面積が広くなり，単位面積当たりの重力線の数はその表面席に反比例して少なくなります．つまり，それだけ力が弱くなります．その半径が描く球体の表面上にもう 1 つの物質 m_2 がおかれている．だから，式 5 が成り立ち，式 6 と表現されるのです．そういうことです．ニュートンなんてリンゴが落ちるのを見るまで万有引力に気がつかなかった（これは本当は嘘です）から大したことありません．

ところで，ニュートンの第 2 法則，つまり，力を受けると，その力に比例し，その物質の質量に反比例して加速度が生ずるという法則は次の式であらわされます．

$$F = m\alpha \qquad \text{式 7}$$

この式を地表での物質の落下に当てはめた式

$$F = mg \qquad \text{式 8}$$

は式 5 または式 6 の簡略型です．いくつかの要素を無視して単純化したのです．

この場合式 6 の m_1 は地球です．この場合とても大きいので M としておきます．m_2 は地表面におかれた物質です．この場合小さいので m とします．そうすると，r は地球の半径になります．大きいので R とします．式 6 は次のように書けます．

$$F = G\frac{Mm}{R^2} = m\frac{GM}{R^2}$$

ここで，GM/R^2 を g とすれば，式 8 になります．つまり，地球の半径や質量はどこでも変わらないのだから，まとめて 1 つにして g と表したのです．

でもこれには問題がないわけではありません．地表面に置いたものの質量を m としたのですね．しかし，この話は，落下してくる物質の話です．落下してくるものはもともと地表面にありません．リンゴはある高さの木の上から落ちて来るし，ガリレオが落とした鉄の玉はピサの斜塔の高さから落ちて来る．R は一定ではなくて，$R + l$ としなくてはならない（l は例えばリンゴの木やピサの斜塔の高さ）．でも，l は R に比べるととても小さい．だから無視してよいというのがこの場合の考え方です．しかし，空に打ち上げる宇宙ロケットのような場合，l は無視できないでしょう．このように考えると，物質の重さはそれが置かれている場所によって異なるということが理解できます．g は地表面からの距離，緯度によって異なります．でも，我々の日常生活ではほとんどの場合それを無視することができます．ですから，簡便化できるのです．日常生活でも無視できない場合もあります．上下に揺れている船の中では，バネ秤や普通の化学天秤のように，押したり引っ張ったりする力による変形を利用した秤は使えません．揺れによって g が違ってきてしまうからです．棹ばかりのような天秤を利用した秤は使えます．計ろうとするものと分銅の間の質量の比を比較しているからです．つまり，質量は変わらないけれど重量はそれが測られる場面によって変わるのです．通常，地表面での重量をその物質の質量とします．

次に，電子同士が引きあったり反発しあったりする力，クーロン力について考えます．この教科書の電磁気のところに出てきます．

ある電荷 Q_1，Q_2 をもった 2 つの物質が引きあったり，反発しあったりする力は次のようにあらわせます．

$$F = \frac{1}{4\pi\varepsilon_0}\frac{Q_1Q_2}{r^2} \qquad \text{式 9}$$

この式は式 5 と同じ形をしています．違うのは，式 5 の分子に a が入り，式 9 の分母に ε_0 が入っていることです．a はこの文の著者が気まぐれに入れたもので，ε_0 は真空の誘電率と呼ばれているものです．この式では，電荷を負った物質は，真空中にあるものとしています．両方とも定数ですから，式の形は全く同じ，考え方は全く同じです．ただ，電磁気的な力は，とても大きな力です．このことは，例えば，磁石についたクリップが床に落ちないことからもわかるでしょう．あんな小さな磁石の磁力がとても大きな地球の引力に勝っているのですから．いずれにしても，ε_0 という定数を式の中に入れなければならないのは，クーロンで計算した力と，質量をもとにして計算した力では，単位が違うので，力として表現したときに，同じ単位の値とするためです．電磁気の章の説明で分かりますが，考え方としては，全く同じです．ただし，クーロン力は，同じ符号の電子では反発しあい，異なる符号の電子の間では引き合うという違いがあります．なんで，重力の場合は反発という現象がないのかと聞かれても困ります．そういう難しいことは，この本で扱うことではありません．多分，この世の中ができたころにそういうことになったのだと思います．

解　説

私たちは，得られたデーターから平均値を求めたり分散を計算したりします．何のためにそんなことをするのかというと，データーをとったもともとの母集団がその測定された項目についてどのような値の広がりをもっているかを知りたいからです．もし，母集団が正規分布のような決まった分布の形に近ければ，その広がりかたは，平均値と分散で表現できるはずです．でも，その真の値は多くの場合わかりません．それがわかるようなら母集団から標本を抽出して，データーをとるなどということをしないでしょう．我々が計算した平均値や分散は，母集団の平均値や分散の推測値なのです．この推測値はどちらも，データーが多くなればなるほど少しずつ真の値に近づいて行くでしょうが，新たにデーターがとられるたびに値が変わり変動します．母集団の真の平均値μの周りに，標本がとられてデーターが測定されるたびに計算される無数の$\bar{x}$が存在する．数多くの標本から得られたデーターから計算された$\bar{x}$は比較的μに近いところに存在することが多く，数少ないサンプルからとられた$\bar{x}$の中にはμからかなり遠く離れたものもある．こんなイメージですね．このイメージはμを中心としてまわりの$\bar{x}$を見ています．イメージを逆転させて，$\bar{x}$を中心としてμを見ているイメージを描きます．ちょっと難しいですか．我が家から駅まで 500 m あるというのと，駅から我が家までが 500 m だということは同じなのですから，そう考えると無理ではないでしょう．この時，この図をサンプルの数ごとに整理し直して複数の図に書きなおすことにすると，数多くのサンプルからのデーターで推測したについて作った図の方が，μの値が$\bar{x}$の周りに集中しているでしょうね．つまり，サンプルの数が多くなるとそれだけ予測値の精度が上がるのです．つまり，推測された値の幅が狭くなるということです．もちろん，母集団のデーターのバラつき方によってもこの幅は違いますから，母集団の分散と N によって，この幅を表すことができます．これが標準誤差といわれるものです．標準誤差は

$$\frac{s}{\sqrt{n}}$$

nはサンプルの数

sは$\sqrt{s^2}$(推測された分散の平方根：標準偏差)

という値になります．この代数的な証明は長くなるので省略します．

いずれにしても，ここで覚えてもらいたいのは，真の平均値と，データーから推測された平均値の関係です．また，標準偏差と標準誤差の違いについてもしっかり記憶しておきましょう．よく，データーの表やグラフを示す時に，推測値の幅として，標準偏差を書くのか標準誤差を書くのかわからないという質問があります．答えは簡単ですね．推測された平均値の値の精度を問題にするときは標準誤差です．他の値のバラつき方と見比べて，差があるかないかという議論の時は標準偏差を示します．

（黒倉　寿）

第1章　数　学

農学および水産学を学ぶ場合でも，数理的な素養を身につけておくことで様々な問題を深く理解することができる．また，数学的な表現力は，農学・水産学分野の現象を記述する際にも大いに力を発揮する．そこで本章では，数学的な厳密性を多少は犠牲にしながらも，今後の学習で必要となるであろう数学の基礎を微積分と線形代数を中心にコンパクトにまとめた．なお，本来ならば定理や性質には証明を付与することが望ましいが，これは紙面の制約上やむなく割愛した．

§1．微分法

微分法は次節で述べる積分法とまさに表裏一体であり，ともに数学を基礎とした科学の根幹をなす分野である．この節では，微分を定義する上で基礎となる極限の定義などを確認したのち，1変数関数の微分法とそれに関連する定理について学ぶ．

1・1　数列の極限と関数の極限

最初に数列の極限について考えよう．数列$\{a_n\}$において，nが限りなく大きくなるとき，a_nもある有限の値αに限りなく近づくとする．このとき，$\{a_n\}$は極限値αに収束するといい，これを

$$\lim_{n\to\infty} a_n = \alpha \quad \text{または} \quad a_n \to \alpha \ (n\to\infty)$$

と表す．一方で，収束しない数列は発散するという．

数列の極限をより数学的に表現すると，どんな小さな正の数εをとっても，それに対応して十分に大きな自然数n_0をとれば，そのn_0よりも大きいすべてのnに対して$|a_n - \alpha| < \varepsilon$が成り立つことを意味する．数列の（正の）発散も同様に定義できる．すなわち，どんな大きな正の数Mをとっても，それに対応した十分に大きな自然数n_0をとれば，n_0よりも大きいすべてのnに対して$a_n > M$が成り立つことを意味する．

数列の極限について次の定理がよく知られている．

定理 1.1　数列$\{a_n\}$, $\{b_n\}$がそれぞれ極限値α，βをもつとき，次の性質が成り立つ．

i）$\lim_{n\to\infty}(a_n \pm b_n) = \alpha \pm \beta$

ii）$\lim_{n\to\infty} c\, a_n = c\,\alpha$（$c$は定数）

iii）$\lim_{n\to\infty} a_n b_n = \alpha\,\beta$

iv）$\displaystyle\lim_{n\to\infty}\frac{a_n}{b_n}=\frac{\alpha}{\beta}$　（ただし，$b_n\neq 0$，$\beta\neq 0$）

v）$a_n\leq b_n\ (n=1,2,\ldots)$ ならば $\alpha\leq\beta$

vi）$a_n\leq c_n\leq b_n\ (n=1,2,\ldots)$ で $\alpha=\beta$ ならば $\displaystyle\lim_{n\to\infty}c_n=\alpha$

例 1.1（突然変異による対立遺伝子頻度の変化）

野生生物の中には捕獲や漁獲などにより個体数が激減したため，集団内で遺伝的浮動（対立遺伝子の世代間変化）が大きくはたらき，その結果として遺伝的変異を完全に失った例がある．他の集団からの移入がないとき，失った遺伝的変異を取り戻すには遺伝的突然変異に期待するしかない．

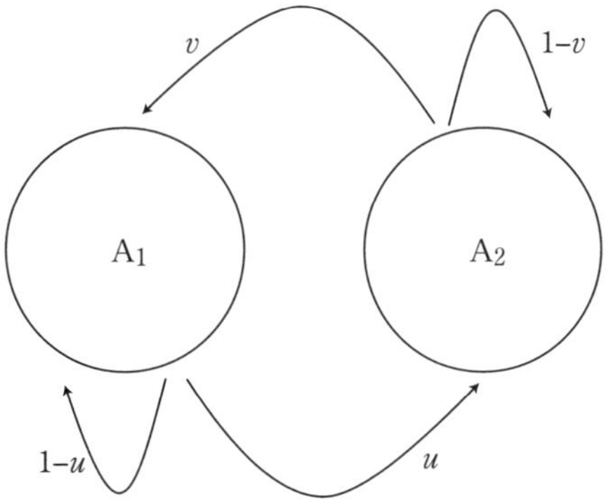

図1・1　突然変異のモデル

いま，ある遺伝子座において異なる2つの対立遺伝子 A_1 と A_2 があるとし，生物を過剰利用した結果，対立遺伝子がいったん A_2 に固定されたとする（すなわち，どの個体の対立遺伝子も A_2）．その後に個体数は遺伝的浮動が無視できる程度に回復したとする．そこから n 世代後の A_1 の遺伝子頻度を p_n とする（ただし，$p_0=0$）．A_1 から A_2 への世代当たりの突然変異率を u，また A_2 から A_1 のそれを v とするとき，頻度の世代間変化は

$$p_{n+1}=(1-u)\,p_n+v(1-p_n)\qquad\text{式1・1}$$

で表せる．式1・1は次のように変形できる．

$$p_{n+1}-\frac{v}{u+v}=(1-u-v)\left(p_n-\frac{v}{u+v}\right)$$

よって，

$$p_n-\frac{v}{u+v}=(1-u-v)^n\left(p_0-\frac{v}{u+v}\right)$$

となり，初期条件 $p_0=0$ より

$$p_n = \frac{v}{u+v}\{1-(1-u-v)^n\}$$

を得る．ここで，突然変異率がいずれもごく小さな値であると仮定すると，その極限は $p=\lim_{n\to\infty} p_n = v/(u+v)$ で与えられ，したがって遺伝子頻度の極限は突然変異率の比率で決まることがわかる．なお，この極限値は式 1・1 において平衡状態 $p_{n+1}=p_n=p$ を仮定することでも求められる．

極限という考え方は関数についても定義できる．いま，x の関数 $f(x)$ が点 a を含むある区間で定義されているとする．x が a 以外の値から限りなく a に近づいていくとき，$f(x)$ の値がある有限の値 α に限りなく近づくとする．このことを，x が a に近づくとき関数 $f(x)$ は極限値 α に収束するといい，

$$\lim_{x\to a} f(x) = \alpha \quad \text{または} \quad f(x) \to \alpha \quad (x \to a)$$

と表す．同様に，x が a に近づくとき $f(x)$ の値が正で限りなく大きくなるとき，関数の極限は（正の）無限大であるという．

注意 1.1　より厳密には，点 a の左側から a に近づく場合の極限（左極限）と右側から a に近づく場合の極限（右極限）が一致するとき，すなわち，

$$\lim_{x\to a-0} f(x) = \lim_{x\to a+0} f(x)$$

のとき，極限値が存在するという．

関数の極限についても定理 1.1 と同様の性質が知られている．

定理 1.2　関数 $f(x)$ と $g(x)$ に対して $\lim_{x\to a} f(x)=\alpha$ および $\lim_{x\to a} g(x)=\beta$ であるとき，次式が成り立つ．

i）$\lim_{x\to a}\{f(x)\pm g(x)\} = \alpha \pm \beta$

ii）$\lim_{x\to a} cf(x) = c\alpha$　（c は定数）

iii）$\lim_{x\to a} f(x)g(x) = \alpha\beta$

iv）$\lim_{x\to a} \dfrac{f(x)}{g(x)} = \dfrac{\alpha}{\beta}$　$(\beta \neq 0)$

v）$f(x) \leq g(x)$ ならば $\alpha \leq \beta$

vi）$f(x) \leq h(x) \leq g(x)$ で $\alpha = \beta$ ならば $\lim_{x\to a} h(x) = \alpha$

上記の定理は $x\to\pm\infty$ や $x\to 0$ の場合にも成り立つが，$\infty-\infty$ や ∞/∞，$\infty\cdot 0$，$0/0$ のような形がでてくるときには，個別に考える必要がある．なお，後述の定理 1.13 が利用できる場合もある．

定理 1.3　指数関数および対数関数について，下記の性質が成り立つ．

i)　$a > 1$ のとき，$\lim_{x \to -\infty} a^x = 0$，$\lim_{x \to \infty} a^x = \infty$

ii)　$0 < a < 1$ のとき，$\lim_{x \to -\infty} a^x = \infty$，$\lim_{x \to \infty} a^x = 0$

iii)　$a > 1$ のとき，$\lim_{x \to +0} \log_a x = -\infty$（右極限），$\lim_{x \to \infty} \log_a x = \infty$

iv)　$0 < a < 1$ のとき，$\lim_{x \to +0} \log_a x = \infty$（右極限），$\lim_{x \to \infty} \log_a x = -\infty$

定理 1.4　三角関数，対数関数，そして指数関数に関する重要な極限値をあげる．

i)　$\lim_{x \to 0} \dfrac{\sin x}{x} = 1$，$\lim_{x \to 0} \dfrac{1 - \cos x}{x} = 0$

ii)　$\lim_{x \to \pm\infty} \left(1 + \dfrac{1}{x}\right)^x = e$，$\lim_{x \to 0} (1 + x)^{1/x} = e$（自然対数）

iii)　$\lim_{x \to 0} \dfrac{\log_e(1 + x)}{x} = 1$，$\lim_{x \to 0} \dfrac{e^x - 1}{x} = 1$

以降では，自然対数を底にとるとき $\log_e x = \log x$ のように底を省略して記載する．

例 1.2（体長の成長式）

多くの生物では年齢を重ねるごとに個体のサイズも増加する．この様子を数学的に表現した式を成長式とよぶが，とりわけ von Bertalanffy 式というモデルがよく利用される．この式では，生後 $t\,(> 0)$ 年経過した個体の体長を

$$l(t) = l_\infty (1 - e^{-k(t - t_0)})$$

で表す．ただし，$k > 0$，$l_\infty > 0$ であり，t_0 は $l(t) = 0$ となる仮想上の年齢である．この式の詳細は第3節にて解説するが，年齢 t を無限に大きくしたときに到達する体長の極限値（極限体長）が l_∞ となることを容易に確認できる．

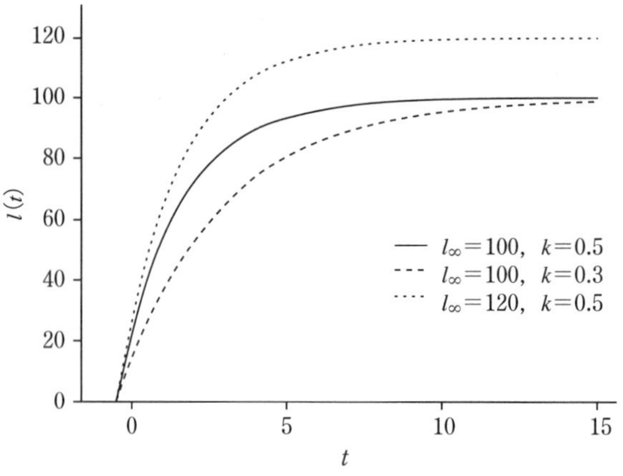

図1・2　von Bertalanffy 式．いずれも $t_0=-0.5$

1・2　関数の連続性

関数の極限の性質を利用して，関数の連続性を定義することができる．すなわち，関数 $f(x)$ が点 a を含むある開区間（例えば $a_1<x<a_2$ のように端点を含まない区間のことであり (a_1, a_2) のように表す）で定義されていて，

$$\lim_{x\to a} f(x)=f(a)$$

が成り立つとき，$f(x)$ は点 a で連続であるという．

定理 1.5　関数 $f(x)$ と $g(x)$ がともに点 a で連続ならば，$cf(x)$（c は定数），$f(x)\pm g(x)$，$f(x)g(x)$，$f(x)/g(x)$（但し $g(a)\neq 0$）も a で連続である．

注意 1.2　$a_1\leq x\leq a_2$ のように端点を含む区間を閉区間 $[a_1, a_2]$ というが，閉区間の左端点 a_1 では左極限 $f(a_1)$ が存在し，右端点 a_2 では右極限 $f(a_2)$ が存在するとき，$f(x)$ はその閉区間で連続であるという．また，$f(x)$ が閉区間で連続であるとき，$f(x)$ はこの閉区間で最大値と最小値をとることが保証される．

閉区間で連続な関数に対して，次の有名な定理が成り立つ．

定理 1.6（中間値の定理）　$f(x)$ を閉区間 $[a, b]$ で連続な関数とし，$f(a)<f(b)$ であるとする．η を $f(a)<\eta<f(b)$ をみたす任意の値とするとき，$f(c)=\eta$ となる c が開区間 (a, b) の中に少なくとも 1 つ存在する．

1・3　微分係数と導関数

まずは形式的に微分の定義を述べてみよう．いま，関数 $y = f(x)$ に対して，点 a の近傍での変化の様子を考える．点 a から少しだけ離れた点 $a + h$ との関数値の差は $f(a + h) - f(a)$ であり，平均的な変化率は $\{f(a + h) - f(a)\}/h$ である．ここで，h を可能な限り 0 に近づけたときの変化率の極限

$$\lim_{h \to 0} \frac{f(a + h) - f(a)}{h}$$

が存在するとき，$f(x)$ は $x = a$ で微分可能という．また，この極限値を $x = a$ における微分係数とよび $f'(a)$ と表す．ただし，h の値が正負いずれの場合でも値は一致しなければならない．

関数 $y = f(x)$ が開区間 I のすべての点で微分可能であるとき，$y = f(x)$ は区間 I で微分可能であるという．区間 I の各点 x に対する微分係数を x の関数とみなすとき，これを $y = f(x)$ の導関数とよび，y'，$f'(x)$，$\dfrac{dy}{dx}$，$\dfrac{d}{dx}f(x)$ などと表す．下記は導関数の代表的な例である．

関数 $f(x)$	導関数 $f'(x)$	関数 $f(x)$	導関数 $f'(x)$
x^a	ax^{a-1}	$\log\lvert x\rvert$	$1/x$
a^x	$a^x \log a$	$\sin x$	$\cos x$
e^x	e^x	$\cos x$	$-\sin x$
$\log_a x$	$1/(x \log a)$	$\tan x$	$1/\cos^2 x$

また，導関数 $y = f'(x)$ が区間 I で微分可能であるとき，導関数 $y = f'(x)$ の導関数を $f(x)$ の 2 次（階）導関数とよぶ．同様にして，3 次（階）導関数や，より一般に n 次（階）導関数も定義でき，これを $y^{(n)}$, $f^{(n)}(x)$, $\dfrac{d^n y}{dx^n}$, $\dfrac{d^n}{dx^n}f(x)$ などと書く．一般に，2 次以上の導関数を高次導関数という．

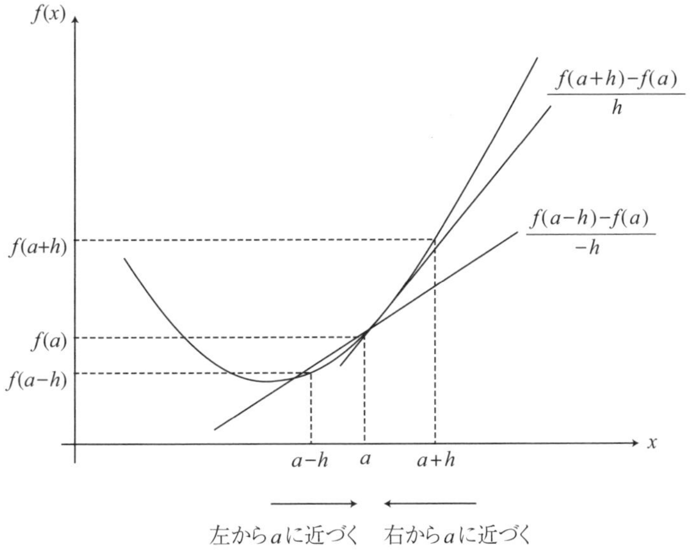

図1・3　微分の定義（点 a の左右どちらから近づいても変化率の極限が一致するとき微分可能という）

注意 1.3 関数 $y=f(x)$ が区間 I で連続であっても必ずしも微分可能とは限らない．微分可能であるためには，左右両側からの極限が一致しなければならないが，なめらかさを問わない連続性の仮定だけではこれは成立しない．

定理 1.7（微分法の基本定理） $f(x)$，$g(x)$ がともに微分可能な区間では，次が成り立つ．

i） $\{f(x) \pm g(x)\}' = f'(x) \pm g'(x)$

ii） $\{cf(x)\}' = cf'(x)$ （c は定数）

iii） $\{f(x)g(x)\}' = f'(x)\,g(x) + f(x)g'(x)$

iv） $g(x) \neq 0$ ならば $\left\{\dfrac{f(x)}{g(x)}\right\}' = \dfrac{f'(x)\,g(x) - f(x)\,g'(x)}{g^2(x)}$

定理 1.8（合成関数の微分） $y=f(x)$ が区間 I で微分可能で，さらに y の値域で $z=g(y)$ が微分可能であるとき，合成関数 $z=g(f(x))$ も区間 I で微分可能であり，

$$\frac{dz}{dx} = \frac{dz}{dy}\frac{dy}{dx} = g'(y)f'(x)$$

が成り立つ．

定理 1.9（逆関数の微分） $y=f(x)$ が区間 I で狭義の単調関数でかつ微分可能であり，$f'(x) \neq 0$ であるとする．このとき，$f(x)$ の値域 J において逆関数 $x=f^{-1}(y)$ は微分可能であり，

$$\frac{dy}{dx} = \frac{1}{\dfrac{dy}{dx}} \quad \text{または} \quad (f^{-1})'(y) = \frac{1}{f'(x)}$$

が成り立つ．

定理 1.10（媒介変数表示された関数の微分） t の関数 $x=f(t)$，$y=g(t)$ が微分可能で，y は t を媒介変数とする x の関数とする．このとき，$y=g(f^{-1}(x))$ も微分可能で，

$$\frac{dy}{dx} = \frac{dy}{dt} \Big/ \frac{dx}{dt}$$

が成り立つ．

1・4 平均値の定理と Taylor の定理

ここでは，微分を通して得られる関数の近似を学ぶ．最初にその基礎となる定理について述べる．

定理 1.11（平均値の定理） 関数 $y=f(x)$ が閉区間 $[a, b]$ で連続で，開区間 (a, b) において微分可能

ならば，区間 (a, b) 内に

$$\frac{f(b)-f(a)}{b-a}=f'(c)$$

となるような c が少なくとも1つ存在する．あるいは，別の言い方をすれば，

$$\frac{f(b)-f(a)}{b-a}=f'(a+\theta(b-a)),\ 0<\theta<1 \qquad \text{式} 1\cdot 2$$

をみたす θ が少なくとも1つ存在する．なお，$f(a)=f(b)$ とおいた特別な場合を Rolle（ロル）の定理とよぶ．

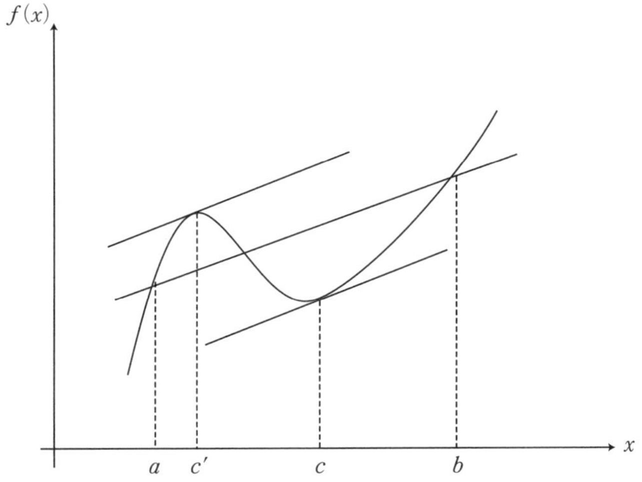

図1・4　平均値の定理

ところで，式1・2において $b=x$ とおき，さらに変形すると，

$$f(x)=f(a)+f'(a+\theta(x-a))(x-a)$$

と表せる．この式は，次の定理によってさらに高次の微分を含む形に拡張される．

定理 1.12（Taylor の定理）　関数 $y=f(x)$ が $x=a$ を含む開区間で n 回微分可能ならば，

$$f(x)=f(a)+f'(a)(x-a)+\frac{f''(a)}{2!}(x-a)^2+\cdots+\frac{f^{(n-1)}(a)}{(n-1)!}(x-a)^{n-1}+R_n,$$

$$R_n=\frac{f^{(n)}(a+\theta(x-a))}{n!}(x-a)^n,\ 0<\theta<1$$

をみたす θ が少なくとも1つ存在する．また，関数 $y=f(x)$ が何回でも微分可能であり，$R_n\to 0\ (n\to\infty)$ となるならば，$f(x)$ は無限級数

$$f(x)=f(a)+\sum_{n=1}^{\infty}\frac{f^{(n)}(a)}{n!}(x-a)^n$$

で表すことができる．これを関数 $f(x)$ の $x=a$ の周りでの Taylor（テイラー）展開あるいは Taylor 級数とよぶ．

定理 1.12 において，$a=0$ とおくと $f(x)$ は

$$f(x) = f(0) + \sum_{n=1}^{\infty} \frac{f^{(n)}(0)}{n\,!} x^n$$

と表すことができる．このような Taylor 展開の特別な形を関数 $f(x)$ の Maclaurin（マクローリン）展開あるいは Maclaurin 級数とよぶ．このように，任意の高次微分可能な関数は，Taylor 展開や Maclaurin 展開を利用して多項式で近似できることがわかる．

例 1.3

次の級数展開が成り立つ．

$$e^x = 1 + \frac{x}{1\,!} + \frac{x^2}{2\,!} + \cdots + \frac{x^n}{n\,!} + \cdots \ (-\infty < x < \infty)$$

$$\log(1+x) = x - \frac{x^2}{2} + \frac{x^3}{3} + \cdots + (-1)^{n-1}\frac{x^n}{n} + \cdots \ (-1 < x \leq 1)$$

$$\sin x = \frac{x}{1\,!} - \frac{x^3}{3\,!} + \frac{x^5}{5\,!} + \cdots + (-1)^n \frac{x^{2n+1}}{(2n+1)\,!} + \cdots \ (-\infty < x < \infty)$$

図 1・5 は関数 $f(x) = e^x$ および $f(x) = \sin x$ の Maclaurin 展開による近似の様子を表している．図中の n は展開の次数を表している．いずれも近似に用いる多項式の次数 n が上がると近似の精度が上がることを示している．また，$x = 0$ の周りの展開なので，その付近での近似精度が良好である様子がわかる．

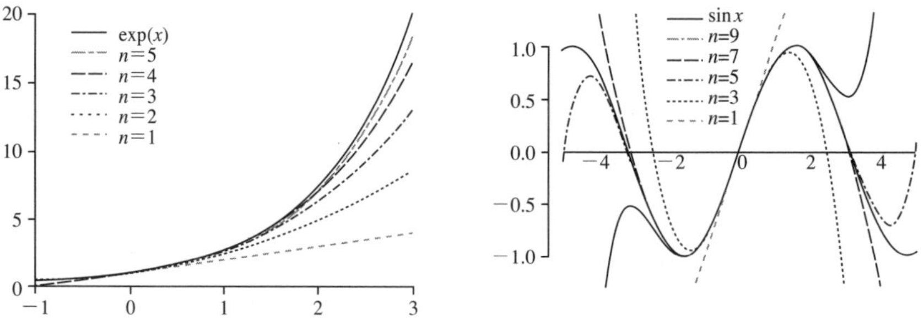

図 1・5　関数 $f(x)=e^x$（左）および $f(x)=\sin x$（右）の Maclaurin 展開

1・5　関数の変動

ここでは微分可能な関数に対し，微分と極大・極小の関係を復習する．導関数の定義から，導関数の値と関数の増減には次の関係が成り立つことがわかる．

$f'(c) \geq 0 \Leftrightarrow x = c$ で増加の状態

$f'(c) \leq 0 \Leftrightarrow x = c$ で減少の状態

また，$f(x)$がcを含むある区間で微分可能であり，十分小さい任意の正の数hに対して

開区間$(c - h, c)$内の任意のxにおいて$f'(x) > 0$

開区間$(c, c + h)$内の任意のxにおいて$f'(x) < 0$

をみたすとき，$f(x)$は$x = c$で極大であり，極大値$f(c)$をもつという．同様に，

開区間$(c - h, c)$内の任意のxにおいて$f'(x) < 0$

開区間$(c, c + h)$内の任意のxにおいて$f'(x) > 0$

が成り立つとき，$f(x)$は$x = c$で極小であり，極小値$f(c)$をもつという．さらに，$f(c)$が極値ならば$f'(c) = 0$が成り立つ（逆は必ずしも真ならず）．なお，2階導関数を利用して関数の凹凸に関する性質をみることができるが，ここでは省略する．

例 1.4

野生生物の多くは，その繁殖単位ごとに増加や減少を繰り返す．いま，t年初めの野生生物集団の個体数をP_tとし，$t + 1$年初めの個体数が

$$P_{t+1} = P_t + rP_t\left\{1 - \left(\frac{P_t}{K}\right)^z\right\} - H_t$$

で表せるとする．ここで，$r(> 0)$は内的自然増加率，$K(> 0)$は環境収容力，$z(> 0)$は密度効果の大きさをコントロールする指数，そしてH_tをt年における捕獲数とする．生物資源管理の分野では，野生生物の個体数を変化させることなく最大の捕獲数を得られる個体数を最大持続生産量レベル（Maximum Sustainable Yield Level；MSYL）とよぶ．そこで，微分法を用いてMSYLを計算してみよう．

持続性，すなわち個体数を変化させない前提から，$P_{t+1} = P_t = P$でなければならず，したがって

$$H = rP\left\{1 - \left(\frac{P}{K}\right)^z\right\}$$

となる．これは，いわば増加分だけを捕獲することと同じである．次に，Hを最大にするPの値を求める．このHが上に凸な関数であることは容易に確認できる．したがって，HをPで微分し極値を求めれば，それが極大値かつ最大値である．実際，

$$\frac{dH}{dP} = r\left\{1 - \left(\frac{P}{K}\right)^z\right\} - \frac{rzP}{K}\left(\frac{P}{K}\right)^{z-1} = 0$$

$$\Leftrightarrow \quad \left(\frac{P}{K}\right)^z = \frac{1}{1+z}$$

$$\Leftrightarrow \quad P = K\left(\frac{1}{1+z}\right)^{1/z}$$

のように解を得ることができる．しばしば$z = 1$という値が利用されるが，このとき$P = K/2$となり環境収容力のちょうど半分の個体数がMSYLである．また，海産哺乳類などでは$z = 2.39$という値が利用されるが，その場合には環境収容力の60%がMSYLとなる．

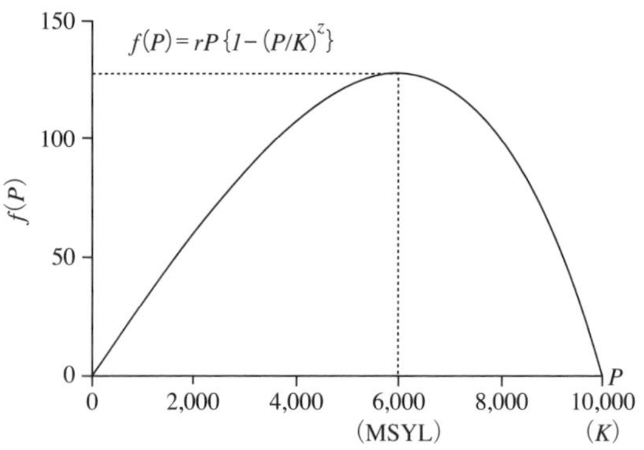

図1・6　個体数増加モデル（$r = 0.03$, $K = 10000$, $z = 2.39$ のとき）

1・6　不定形の極限値

例えば，$f(x) = x$, $h(x) = e^{-x}$ とし，$\lim_{x \to \infty} f(x)h(x)$ の値を求めたいとする．関数の極限の定理より，$f(x)$ と $h(x)$の極限がともに有限のとき，それらの積を掛け合わせたものがその答えとなるが，この例では $\lim_{x \to \infty} f(x) = \infty$, $\lim_{x \to \infty} h(x) = 0$ であり，$\infty \cdot 0$ の不定形となっている．このような場合，次の定理により極限を求めることができる．

定理 1.13（l'Hospital（ロピタル）の定理）　関数$f(x)$と $g(x)$に対して，$\lim_{x \to a} f(x) = \lim_{x \to a} g(x) = 0$ あるいは $\lim_{x \to a} f(x) = \lim_{x \to a} g(x) = \infty$ であるとき，$\lim_{x \to a} \dfrac{f(x)}{g(x)} = \lim_{x \to a} \dfrac{f'(x)}{g'(x)}$ が成り立つ．

先の例の場合，定理において $g(x) = 1/h(x)$ とおくことにより，

$$\lim_{x \to \infty} \frac{x}{e^x} = \lim_{x \to \infty} \frac{(x)'}{(e^x)'} = \lim_{x \to \infty} \frac{1}{e^x} = 0$$

を得る．$f(x) = x^n$ ($n = 2, 3, \ldots$) の場合も，定理を何度も繰り返すことで同様に $\lim_{x \to \infty} x^n e^{-x} = 0$ が確かめられる．

§2.　積分法

この節では，1 変数関数に対し，微分の逆の操作としての不定積分の定義と性質を確認し，次に定積分の意味と計算方法について学ぶ．

2・1　不定積分

ある与えられた関数$f(x)$に対して，$F'(x) = f(x)$ となるような関数 $F(x)$が存在するとき，$F(x)$ を $f(x)$の不定積分または原始関数とよぶ．不定積分は一般に $\int f(x)\,dx$ で表す．実は，微分して $f(x)$となる関数は無数にあるため，不定積分は一意的には決まらない．そこで，不定積分の 1 つが $F(x)$ であるとき，

$$\int f(x)dx = F(x) + C \quad (C \text{は定数})$$

となる．定数 C はとくに積分定数とよばれる．以下は，不定積分の基本的な公式である．

関数 $f(x)$	不定積分 $F(x)$	関数 $f(x)$	不定積分 $F(x)$
x^a	$\dfrac{x^{a+1}}{a+1}$ $(a \neq -1)$	$\log_a x$	$\dfrac{x(\log x - 1)}{\log a}$ $(a \neq 1)$
a^x	$\dfrac{a^x}{\log a}$ $(a>0,\ a \neq 1)$	$\sin x$	$-\cos x$
e^x	e^x	$\cos x$	$\sin x$
$1/x$	$\log\lvert x\rvert$	$\tan x$	$-\log\lvert\cos x\rvert$

なお，定理 1.7 と同様の性質が不定積分についても成り立つが，次節の定積分における性質と大きく重複するためここでは省略する．

2・2　定積分

本来，定積分の定義には関数の一様連続性などの議論が必要であるが，数学的な詳細を差し置いて以下のように理解してみよう．

いま，閉区間 $[a, b]$ において連続で正の値をとる関数 $y=f(x)$ が与えられているとする．この区間を $a = x_0 < x_1 < x_2 < \cdots < x_n = b$ のように n 個の小区間に分割する．話を簡略化するために，$x_i = a + i(b-a)/n$ とし等間隔な分割を考える．i 番目の小区間 $[x_{i-1}, x_i]$ から任意に点 c_i をとり，

$$S_n = \sum_{i=1}^{n} f(c_i)(x_i - x_{i-1})$$

という n 個の長方形の面積の和（これを Riemann 和という）を考える．ここで，n の値を限りなく大きくすることで小区間の幅を限りなく 0 に収束させるとき，この面積も同時にある値に収束するとする．その極限値が c_i の選び方に無関係に一定であるとき，$f(x)$ は区間 $[a, b]$ で積分可能であるという．また，この極限値を $\int_a^b f(x)dx$ と書き，$f(x)$ の区間 $[a, b]$ における定積分という．

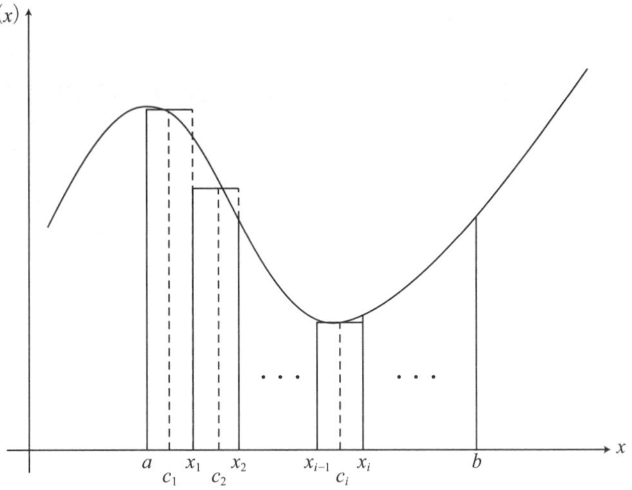

図1・7　定積分

関数 $f(x)$ が連続であるとき，小区間の幅が0に収束すれば，小区間のどの点 c_i を選んでも c_i 自体の値に差がなくなり，S_n の極限は一定値となる．また，上記で便宜上仮定したような小区間の等分や，$f(x)>0$ という仮定も説明上の都合で本来は必要ないことに注意する．

定理 2.1（定積分の基本性質）

i）$\displaystyle\int_a^a f(x)dx = 0,\ \int_a^b f(x)dx = -\int_b^a f(x)dx$

ii）$\displaystyle\int_a^b \{f(x) \pm g(x)\}\,dx = \int_a^b f(x)dx \pm \int_a^b g(x)dx$

iii）$\displaystyle\int_a^b \{kf(x)\}\,dx = k\int_a^b f(x)dx$　（k は定数）

iv）$\displaystyle\int_a^c f(x)dx + \int_c^b f(x)dx = \int_a^b f(x)dx$　（a, b, c の大小関係によらない）

v）閉区間 $[a, b]$ で $f(x) \leq g(x)$ ならば $\displaystyle\int_a^b f(x)dx \leq \int_a^b g(x)dx$

vi）$a \leq b$ ならば $\displaystyle\left|\int_a^b f(x)dx\right| \leq \int_a^b |f(x)|\,dx$

定理 2.2（積分の平均値の定理）　関数 $y = f(x)$ が閉区間 $[a, b]$ で連続であれば，

$$\int_a^b f(x)dx = (b-a)f(\xi)$$

となるような ξ が $[a, b]$ 内に必ず存在する．

2・3　微分積分法の基本定理と定積分の計算

ここでは，定積分に関するいくつかの重要な定理をまとめて述べる．

定理 2.3　関数 $f(x)$ が閉区間 $[a, b]$ で連続ならば

$$\frac{d}{dx}\int_a^x f(t)\,dt = f(x) \quad (a \leq x \leq b)$$

が成り立つ．

定理 2.4（微分積分法の基本定理）　関数 $f(x)$ が閉区間 $[a, b]$ で連続であり，$f(x)$ の不定積分の1つを $F(x)$ とするとき，

$$\int_a^b f(x)dx = F(b) - F(a)$$

が成り立つ．また，右辺の値を $[F(x)]_a^b$ と表すこともある．

定理 2.5（置換積分法，変数変換法）　関数 $f(x)$ は閉区間 $[a, b]$ で連続とする．いま $x = g(t)$ とおく．この t の値が α から β まで変化するとき，それに対応して x の値が a から b まで変化するとする．ここで，$g'(t)$ と $f(g(t))$ がともに閉区間 $[\alpha,\ \beta]$ で連続であるならば，

$$\int_a^b f(x)dx = \int_\alpha^\beta f(g(t))g'(t)dt$$

が成り立つ．

定理 2.6（部分積分法）　関数 $f(x)$ の導関数と，関数 $g(x)$ がともに閉区間 $[a, b]$ で連続で，$g(x)$ の不定積分を $G(x)$ とするとき

$$\int_a^b f(x)g(x)dx = [f(x)G(x)]_a^b - \int_a^b f'(x)G(x)dx$$

が成り立つ．

これまで，定積分をある有限な区間でしか定義してこなかった．ここでは詳細には立ち入らないが，例えば積分区間が $[a, \infty)$ であるような場合にも，極限値

$$\lim_{b\to\infty}\int_a^b f(x)dx$$

が存在するならば，この極限値を $\lim_{b\to\infty}\int_a^b f(x)dx = \int_a^\infty f(x)dx$ と表し，無限積分として定義できる．$(-\infty\ , b]$ のような区間や $(-\infty, \infty)$ に対しても同様に

$$\lim_{a\to-\infty}\int_a^b f(x)dx = \int_{-\infty}^b f(x)dx,$$

$$\lim_{a\to-\infty, b\to\infty}\int_a^b f(x)dx = \int_{-\infty}^\infty f(x)dx$$

として無限積分が定義される.

例 2.1 (寿命時間の期待値)

一定の割合で死亡する生物の寿命時間 T を表す確率法則として，指数分布を利用することがある．この分布の確率密度関数(第 2 章参照)は $f(t)=\frac{1}{\theta}e^{-t/\theta}\ (t>0)$ で表すことができる．ここで，$\theta\ (>0)$ はこの確率分布の性質をコントロールするパラメータである．この寿命時間の期待値は積分で定義され，

$$E[T]=\int_0^\infty tf(t)dt = \int_0^\infty t\frac{1}{\theta}e^{-t/\theta}dt$$
$$=\left[-te^{-t/\theta}\right]_0^\infty+\int_0^\infty e^{-t/\theta}dt = \left[-\theta e^{-t/\theta}\right]_0^\infty = \theta$$

のように計算することができる．したがって，θ は平均寿命として意味をもつことがわかる．

2・4　定積分を含む特殊関数

この節の最後に，それ自身を解くことはできないが，様々な場面で登場する定積分を 2 つ紹介する．

定理 2.7 (ガンマ関数とその性質)　$x>0$ に対して以下のように定義される関数をガンマ関数とよぶ.

$$\Gamma(x)=\int_0^\infty t^{x-1}e^{-t}dt$$

このガンマ関数に対して，

i)　$\Gamma(1)=1,\ \Gamma(1/2)=\sqrt{\pi}$

ii)　$\Gamma(x+1)=x\Gamma(x)$

iii)　n が自然数のとき，$\Gamma(n)=(n-1)!$

が成り立つ.

上記のうち，性質 i) の $\Gamma(1/2)=\sqrt{\pi}$ を示すのは更なる知識が必要であるが，性質 ii) は部分積分を利用して確認することができる．すなわち，

$$\Gamma(x+1) = \int_0^\infty t^{x+1-1}e^{-t}dt = \left[-t^xe^{-t}\right]_0^\infty+\int_0^\infty xt^{x-1}e^{-t}dt = x\Gamma(x)$$

を得る．なお，性質 iii) は性質 ii) の特殊な形である．このガンマ関数は統計学でもよく利用される．また，次のベータ関数とも密接な関係がある.

定理 2.8 (ベータ関数とその性質)　$x>0,\ y>0$ に対して以下のように定義される関数をベータ関

数とよぶ．

$$B(x, y) = \int_0^1 t^{x-1}(1-t)^{y-1}dt$$

このベータ関数に対して，

i)　$B(x, y) = B(y, x)$

ii)　$B(x, y) = \dfrac{\Gamma(x)\Gamma(y)}{\Gamma(x+y)}$

iii)　m, n が自然数のとき，$B(m, n) = \dfrac{(m-1)!\,(n-1)!}{(m+n-1)!}$

が成り立つ．

性質 ii) の証明には重積分の知識が必要となるが，性質 i) の証明は置換積分のよい例題となる．すなわち，$t = 1 - s$ とおくと，

$$B(x, y) = \int_0^1 t^{x-1}(1-t)^{y-1}dt = \int_1^0 (1-s)^{x-1}s^{y-1}(-1)ds$$

$$= \int_0^1 s^{y-1}(1-s)^{x-1}ds = B(y, x)$$

を導くことができる．このベータ関数も，頻度を表現する確率分布の定義に使われるなど，統計学の分野でしばしば利用される．

§3.　微分方程式

この節では，1 階の微分方程式の解法に加え，生物学や生態学で利用される例をとりあげてその考え方を学ぶ．なお，運動を表現するための微分方程式については第 3 章の力学・流体力学を参照のこと．

3・1　1 階微分方程式

ある関数 $f(x)$ を利用して，関係式 $y' = f(x)$ が与えられたとする．このとき，$f(x)$ の不定積分 $F(x)$ を求めることは，$y = F(x) + C$（C は任意定数）として y と x の関係を解いたことになる．一般に，変数 x，その関数 y，そして導関数 y' で表される関係式 $F(x, y, y') = 0$ を 1 階微分方程式という．また，任意定数 C を含んだ方程式の解を一般解とよぶ．以下では，この 1 階微分方程式のうち，3 つの特別な方程式について述べる．

1）変数分離形

1 階微分方程式のうち，

$$\frac{dy}{dx} = f(x)g(y)$$

の形のものを変数分離形という．$g(y)=0$ ならば解は明らかなので，$g(y)\neq 0$ とすると，

$$\frac{1}{g(y)}\frac{dy}{dx}=f(x)$$

と変形でき，両辺を変数 x について積分すると，

$$\int\frac{1}{g(y)}\frac{dy}{dx}\,dx=\int f(x)dx+C \quad (C\text{ は任意定数})$$

となる．ここで，左辺に置換積分を適用すれば，

$$\int\frac{1}{g(y)}dy=\int f(x)dx+C$$

のように両辺の不定積分をそれぞれ解く形となる．

2）同次形

1 階微分方程式のうち，

$$\frac{dy}{dx}=f\left(\frac{y}{x}\right)$$

の形のものを同次形という．いま，$u=y/x$ とおくと，

$$u+x\frac{du}{dx}=f(u)$$

となり

$$\frac{du}{dx}=\frac{1}{x}\{f(u)-u\}$$

のように変数分離形の微分方程式に帰着できる．

この同次形以外にも，変数変換をすることで変数分離形に変形できる場合がある．以下はその典型的な例である．

定理 3.1

i） $\dfrac{dy}{dx}=f(ax+by+c)$ の形の微分方程式は，$u=ax+by+c$ とおけば，$\dfrac{du}{dx}=a+bf(u)$ の変数分離形に帰着できる．

ii） $x\dfrac{dy}{dx}=yf(xy)$ の形の微分方程式は，$u=xy$ とおけば，$\dfrac{du}{dx}=\dfrac{u}{x}(1+f(u))$ の変数分離形に帰着できる．

3）1 階線形微分方程式

次のような

$$\frac{dy}{dx}+P(x)y=Q(x) \qquad \text{式 } 1\cdot 3$$

の形の微分方程式を 1 階線形微分方程式とよぶ．とくに，$Q(x)=0$ の場合には線形同次あるいは斉次というが，このときは変数分離形に帰着するので一般解

$$y = Ce^{-\int P(x)dx}$$

を容易に得ることができる．また，$Q(x) \neq 0$ である非同次（非斉次）の場合には，

$$y = ue^{-\int P(x)dx}$$

により y から u への変換を考える．上式を式 1.3 に代入すると，

$$\frac{du}{dx}e^{-\int P(x)dx} - uP(x)e^{-\int P(x)dx} + P(x)ue^{-\int P(x)dx} = Q(x)$$

となり，

$$\frac{du}{dx} = Q(x)e^{\int P(x)dx}$$

の変数分離形に書き換えられる．したがって，

$$u = \int Q(x)e^{\int P(x)d}dx + C \quad (C \text{ は任意定数})$$

となり，最終的に一般解

$$y = e^{-\int P(x)dx}\left\{\int Q(x)e^{\int P(x)dx}dx + C\right\}$$

が得られる．

定理 3.2（ベルヌーイの微分方程式）　微分方程式

$$\frac{dy}{dx} + P(x)y = Q(x)y^n \quad (n \neq 0.1)$$

は $u = y^{1-n}$ とおくと

$$\frac{du}{dx} + (1-n)P(x)u = (1-n)Q(x)$$

という 1 階線形微分方程式に帰着する．

このほか，2 階までの導関数を含む微分方程式を 2 階微分方程式，さらに高次の導関数を含むものを高階微分方程式とよぶ．詳しくは，微分積分学の専門書を参照して頂きたい．

3・2　生物学および生態学での利用例

1）個体群成長モデル

野生生物の多くは，その生物種がもっている内的な増加力によって個体数を増加させる．いま，時間 t における生物集団の個体数を P_t とおき，その時間的な変化を考える．この生物集団では出生と死亡の差し引きの結果，1 年間で 1 個体当たり 2 個体増加できるとする．これを数式で表現すると，

$$P_{t+1} = P_t + 2 \cdot P_t$$

という式が成り立つ．ここで，「1 年間当たり」を「ある一定期間 Δt」とし，1 個体当たり「2 個体増加」を「$r\Delta t$ 個体増加($r > 0$)」と一般化してみよう．すると，

$$P_{t+\Delta t} = P_t + r\Delta t \cdot P_t$$

と表現しなおせる．この式はさらに（$P_{t+\Delta t} - P_t$）/ $\Delta t = r \cdot P_t$ と変形できる．ここで，一定期間 Δt を限りなく小さくすると，

$$\frac{dP}{dt} = rP \quad (r > 0) \qquad \text{式 1・4}$$

という微分方程式が導かれる．これを $t = 0$ のとき個体数 P_0 という初期条件の下で解くと，

$$P(t) = P_0 e^{rt}$$

を得る．このように時間的に連続して変化する現象を表現するために微分方程式を利用することができる．

ところで，上記の増加モデルは指数的かつ無制限に個体サイズが増加することを表している．しかしながら，餌環境や生息スペースに限りがあるため，個体数が増えるにしたがって増加のスピードは減少する．そこで，式 1・4 で与えた 1 個体当たりの増加率 r を最大の増加率とみなし，個体数の増加に伴ってこの増加率が減少する以下のようなモデルを考える．

$$\frac{dP}{dt} = r\left(1 - \frac{P}{K}\right)P \quad (r > 0, K > 0) \qquad \text{式 1・5}$$

個体数 P が K に達したときに増加率は 0 となり，K よりも個体数が大きくなることはない．この K の値を環境収容力という．

微分方程式　式 1・5 もまた変数分離形である．すなわち，

$$\int \frac{1}{P(1-P/K)}\,dP = \int r dt$$

となり，$P(1 - P/K) = 1/P + 1/(K - P)$ であることから，一般解

$$\frac{P}{P-K} = ce^{rt} \quad (c \text{ は任意定数})$$

が導かれる．最後に初期条件を代入して，

$$P(t) = \frac{K}{1 + Ce^{-rt}}, \quad C = K/P_0 - 1$$

を得る．

2) von Bertalanffy 式

ヒトも含めて生物は年齢をおうごとに体の大きさを変化させる．ここでは，年齢と体長の関係を表す成長式の導出について紹介する（例 1.2 も参照）．

いま，年齢を t (> 0)，体長を l とおく．このとき，微分方程式

$$\frac{dl}{dt} = k(l_\infty - l) \qquad \text{式1・6}$$

を考える．この微分方程式の導関数 dl/dt，すなわち体長の瞬間成長率は，l に関する一次関数でかつ負の傾きをもつ．このことは，成長率が $l = 0$ のところで最大となり，体長が大きくなるにしたがって次第に成長率が単調に減少し，体長が l_∞ に到達すると増加率が 0 となることを示している．このような性質から，第1節でも述べたように l_∞ は極限体長といい，また k を成長係数とよぶ．ところで，この微分方程式は変数分離形であるから，

$$\frac{1}{l_\infty - l}\, dl = kdt$$

と変形することで

$$l = l_\infty - Ce^{-kt} \quad (C\text{ は任意定数})$$

という一般解が得られる．ここで，$t = t_0$ のとき $l = 0$ という初期条件を代入すると，

$$l(t) = l_\infty\{1 - e^{-k(t-t_0)}\}$$

となる．これを von Bertalanffy 式とよぶ．

なお，上記の年齢と体長の関係の他に，体長(l)と体重(w)の相対成長関係を示す微分方程式

$$\frac{dw/w}{dl/l} = \beta$$

も生物学分野ではよく利用される．これも変数分離形であり，$w(l) = al^\beta$（a は定数）として求められる．これを体長－体重間のアロメトリー式という．

§4.　ベクトルと行列

例えば，ある野生生物100個体の年齢を観測した結果，0歳が40個体，1歳が30個体，2歳が20個体，そして3歳が10個体であったとする．これらの観測値から年齢の頻度（全体に占める割合）を計算したいとする．全ての数字を100で割ればよいが，このような計算をコンパクトに記述するのにベクトルによる表記が便利である．また，ある年とその翌年の年齢頻度の変化を対応づけるには，「2歳から3歳へ」などの対応が必要となるが，これら1つ1つを成分としてもつ行列を定義すると，表現や以降の演算が格段に簡略化される．そこで，この節ではベクトルと行列の基礎を学び，次節以降の学習に役立てる．

4・1　ベクトルとその性質

先に述べた年齢ごとの個体数を（40, 30, 20, 10）のように一列にまとめて表現するとする．このような表記をベクトルという．一般に，n 個の数 $a_1, a_2, \ldots, a_n$ に対して

$$\boldsymbol{a} = (a_1, a_2, \ldots, a_n)$$

のように表したベクトルを n 次元の横ベクトルといい，a_i をこのベクトルの第 i 成分という．

横ベクトル $\boldsymbol{a}$ を縦に表現するとき，これを縦ベクトルとよぶ．横ベクトルから縦ベクトルへの書き換え，およびその逆を転置とよび，記号 $\boldsymbol{T}$ を用いて

$$\boldsymbol{a}^T = \begin{pmatrix} a_1 \\ a_2 \\ \vdots \\ a_n \end{pmatrix}$$

のように表す．あきらかに，$(\boldsymbol{a}^T)^T = \boldsymbol{a}$ が成り立つ．

ベクトル $\boldsymbol{a} = (a_1, a_2, \dots, a_n)$ とベクトル $\boldsymbol{b} = (b_1, b_2, \dots, b_n)$ に対して $\boldsymbol{a} = \boldsymbol{b}$ であるとは，すべての成分において $a_i = b_i$ が成り立つことをいう．同じ次元のベクトルに対しては加法とスカラー乗法が次のように定義される．

$$\boldsymbol{a} + \boldsymbol{b} = (a_1 + b_1, a_2 + b_2, \dots, a_n + b_n)$$

$$c\boldsymbol{a} = (ca_1, ca_2, \dots, ca_n) \quad (c \text{ は定数})$$

なお，ある定数 c_1, c_2 を用いて $c_1\boldsymbol{a} + c_2\boldsymbol{b}$ のように定義されたベクトルを 1 次結合（線形結合）という．

例 4.1

1) 観測した年齢ごとの個体数を $\boldsymbol{a} = (40, 30, 20, 10)$ とするとき，頻度の組成はスカラー乗法 $\boldsymbol{b} = (1/100)\boldsymbol{a}$ で表せる．

2) 個体群 1 の対立遺伝子頻度を $\boldsymbol{p} = (p_1, p_2, \dots, p_n)$ とし，個体群 2 のそれを $\boldsymbol{q} = (q_1, q_2, \dots, q_n)$ とする．ある生息域において個体群 1 と 2 が $\omega : (1 - \omega)$ の割合で混ざっているとき，その混合群の遺伝子頻度は２つのベクトルの 1 次結合 $\omega\boldsymbol{p} + (1 - \omega)\boldsymbol{q}$ で表せる．

また，2 つの n 次元ベクトル $\boldsymbol{a}, \boldsymbol{b}$ に対して内積が次のように定義される．

$$(\boldsymbol{a}, \boldsymbol{b}) = a_1b_1 + a_2b_2 + \cdots + a_nb_n$$

あきらかに，$(\boldsymbol{a}, \boldsymbol{b}) = (\boldsymbol{b}, \boldsymbol{a})$ である．内積が 0 となるとき，2 つのベクトルは直交するという．この内積を利用して，ベクトルのノルム（長さ）も定義できる．すなわち，

$$\| \boldsymbol{a} \| = \sqrt{(\boldsymbol{a}, \boldsymbol{a})} = \sqrt{a_1^2 + a_2^2 + \cdots + a_n^2}$$

となる．また 2 つのベクトルのなす角度を θ とするとき，内積は

$$(\boldsymbol{a}, \boldsymbol{b}) = \| \boldsymbol{a} \| \| \mathbf{b} \| \cos\theta$$

とも表せる．ここで，この両辺を 2 乗し，また $0 \leq \cos^2\theta \leq 1$ であることに注意すれば，

$$\left(\sum_{i=1}^{n} a_i b_i\right)^2 \leq \left(\sum_{i=1}^{n} a_i^2\right) \cdot \left(\sum_{i=1}^{n} b_i^2\right) \qquad \text{式 } 1 \cdot 7$$

が成り立つことがわかる．この不等式を Schwartz の不等式という．等号は $\cos\theta = 1$ すなわち $\boldsymbol{a} = c\boldsymbol{b}$

のときに成り立つ.

ところで，第 i 成分だけが 1 で他の成分はすべて 0 であるベクトルを単位ベクトルとよび，$\boldsymbol{e}_i\,(i=1, 2, \ldots, n)$ で表すとする．このとき，任意の n 次元ベクトル $\boldsymbol{b}=(b_1, b_2, \ldots, b_n)$ は，$\boldsymbol{e}_1, \boldsymbol{e}_2, \ldots, \boldsymbol{e}_n$ の 1 次結合

$$\boldsymbol{b} = b_1\boldsymbol{e}_1 + b_2\boldsymbol{e}_2 + \cdots + b_n\boldsymbol{e}_n$$

で表現できる．また，任意の n 個のベクトル $\boldsymbol{a}_1, \boldsymbol{a}_2, \ldots, \boldsymbol{a}_n$ に対する 1 次結合に対して

$$c_1\boldsymbol{a}_1 + c_2\boldsymbol{a}_2 + \cdots + c_n\boldsymbol{a}_n = 0$$

をみたすとする．この関係が $c_1=c_2=\cdots=c_n=0$ でしか成り立たないとき，$\boldsymbol{a}_1, \boldsymbol{a}_2, \ldots, \boldsymbol{a}_n$ を 1 次独立という．また，1 次独立でないとき，1 次従属という．あきらかに，$\boldsymbol{e}_1, \boldsymbol{e}_2, \ldots, \boldsymbol{e}_n$ は一次独立である.

例 4.2

$n=3$ とし，$\boldsymbol{a}_1=(1, 1, 1)$，$\boldsymbol{a}_2=(1, 2, 3)$，$\boldsymbol{a}_3=(1, 3, 5)$ とおく．このとき，$\boldsymbol{a}_1=2\boldsymbol{a}_2-\boldsymbol{a}_3$ と表せるので，$\boldsymbol{a}_1, \boldsymbol{a}_2, \boldsymbol{a}_3$ は 1 次独立ではない.

4・2　行列とその性質

一般に，$m \times n$ 個の数が

$$\boldsymbol{A} = \begin{pmatrix} a_{11} & a_{12} & \cdots & a_{1n} \\ a_{21} & a_{22} & \cdots & a_{2n} \\ & \cdots & \cdots & \\ a_{m1} & a_{m2} & \cdots & a_{mn} \end{pmatrix}$$

のように横 m 行，縦 n 列に配置されているとき，これを $m \times n$ 行列という．これは，m 次元の縦ベクトルが n 個横に並べられている，あるいは n 次元の横ベクトルが m 個縦に並べられていると考えてもよい.

ベクトルの転置と同様に，行列の転置が

$$\boldsymbol{A}^T = \begin{pmatrix} a_{11} & a_{21} & \cdots & a_{m1} \\ a_{12} & a_{22} & \cdots & a_{m2} \\ & \cdots & \cdots & \\ a_{1n} & a_{2n} & \cdots & a_{mn} \end{pmatrix}$$

によって定義できる．行列の場合も $(\boldsymbol{A}^T)^T=\boldsymbol{A}$ が成り立つ.

行列にはいくつかの典型的な形があるが，とくに $n \times n$ の行列を正方行列とよぶ．正方行列の対角成分の総和を行列のトレースとよび，$\mathrm{tr}(\boldsymbol{A})=\sum_{i=1}^{n} a_{ii}$ などと書く．また，正方行列のなかでも対角成分以外の値が 0 である行列を対角行列とよぶ．なかでも，対角成分がすべて 1 の対角行列を単位行列とよび，$\boldsymbol{I}_n$ で表す．このほか，$a_{ij}=0\,(i>j)$，$a_{ij}=0\,(i<j)$，$a_{ij}=a_{ji}$ をみたす行列を，それぞれ上三

角行列，下三角行列，そして対称行列とよぶ．

同じ次元の 2 つの行列の和およびスカラー倍もベクトルと同様に成分ごとの演算により定義される．次に，行列の積を定義しよう．行列 $\boldsymbol{A}, \boldsymbol{B}$ をそれぞれ $l \times m$, $m \times n$ 行列とする．このとき，行列の積 $\boldsymbol{C} = \boldsymbol{AB}$ は $l \times n$ 行列であり，その第 (i, j) 成分は

$$c_{ij} = \sum_{k=1}^{m} a_{ik} b_{kj} = a_{i1} b_{1j} + a_{i2} b_{2j} + \cdots + a_{im} b_{mj}$$

となる．また，行列のベキ乗は実数の場合と同様に，$\boldsymbol{A}^2 = \boldsymbol{AA}$ で定義される．

ここで，行列の演算に関する性質をまとめておく．

定理 4.1（行列の演算）

i） $\boldsymbol{A} + \boldsymbol{B} = \boldsymbol{B} + \boldsymbol{A}$ （和の交換法則）

ii） $(\boldsymbol{A} + \boldsymbol{B}) + \boldsymbol{C} = \boldsymbol{A} + (\boldsymbol{B} + \boldsymbol{C})$ （和の結合法則）

iii） $k(\boldsymbol{A} + \boldsymbol{B}) = k\boldsymbol{A} + k\boldsymbol{B}$ （定数倍の分配法則）

iv） $(\boldsymbol{AB})\boldsymbol{C} = \boldsymbol{A}(\boldsymbol{BC})$ （積の結合法則）

v） $\boldsymbol{A}(\boldsymbol{B} + \boldsymbol{C}) = \boldsymbol{AB} + \boldsymbol{AC}$, $(\boldsymbol{A} + \boldsymbol{B})\boldsymbol{C} = \boldsymbol{AC} + \boldsymbol{BC}$ （積の分配法則）

vi） $\boldsymbol{A}^p \boldsymbol{A}^q = \boldsymbol{A}^{p+q}$, $(\boldsymbol{A}^p)^q = \boldsymbol{A}^{pq}$ （指数法則）

vii） $(\boldsymbol{A} + \boldsymbol{B})^T = \boldsymbol{A}^T + \boldsymbol{B}^T$, $(\boldsymbol{AB})^T = \boldsymbol{B}^T \boldsymbol{A}^T$

なお，行列 $\boldsymbol{A}$, $\boldsymbol{B}$ がともに正方行列なら $\boldsymbol{AB}$ と $\boldsymbol{BA}$ は計算可能であるが，交換法則 $\boldsymbol{AB} = \boldsymbol{BA}$ は必ずしも成り立たない（$\boldsymbol{AB} = \boldsymbol{BA}$ が成り立つとき $\boldsymbol{A}$, $\boldsymbol{B}$ は交換可能または可換という）．

また，ベクトルが行列の特別な場合とみなすと，ベクトルと行列の積も同様に計算可能である．すなわち，m 次元横ベクトル $\boldsymbol{x}$ と $m \times n$ 行列 $\boldsymbol{A}$ の積もまた m 次元横ベクトルであり，

$$\boldsymbol{xA} = \boldsymbol{A}^T \boldsymbol{x}^T$$

が成り立つ．とくに，

$$\boldsymbol{xAx}^T = \sum_{i=1}^{m} a_{ii} x_i^2 + 2 \sum_{i<j} a_{ij} x_i x_j$$

の形を 2 次形式という．任意のベクトル $\boldsymbol{x}$ に対して 2 次形式が $\boldsymbol{xAx}^T > 0$ をみたすとき，行列 $\boldsymbol{A}$ は正定値行列という．

例 4.3（齢構成モデル）

ある生物は，寿命が3歳で1年間の生き残り率を s とする．また，雄雌の区別を無視し2歳以上の個体からの出生率（1個体当たりからの出生個体数）を b とする．いま，ある年 t の0歳から3歳までの個体数が $\boldsymbol{x}(t)^T = \{x_0(t), x_1(t), \ldots, x_3(t)\}$ であるとし，翌年の個体数を $\boldsymbol{x}(t+1)^T = \{x_0(t+1), x_1(t+1), \ldots, x_3(t+1)\}$ とするとき，

$$
\begin{aligned}
x_0(t+1) &= b\,x_2(t) + b\,x_3(t) \\
x_1(t+1) &= s\,x_0(t) \\
x_2(t+1) &= s\,x_1(t) \\
x_3(t+1) &= s\,x_2(t)
\end{aligned}
$$

と表せる．これは行列 $\boldsymbol{A}$ を

$$
\boldsymbol{A} = \begin{pmatrix} 0 & 0 & b & b \\ s & 0 & 0 & 0 \\ 0 & s & 0 & 0 \\ 0 & 0 & s & 0 \end{pmatrix}
$$

のように定義すれば以下のように1次変換で表記することができる．このような行列を Leslie（レスリー）行列という．

$$\boldsymbol{x}(t+1) = \boldsymbol{A}\boldsymbol{x}(t) \qquad \text{式 1・8}$$

また，$t = 0$ から t までの推移の結果は，行列 $\boldsymbol{A}$ を何度も乗ずることで計算可能となる．すなわち，

$$\boldsymbol{x}(t) = \boldsymbol{A}^t\boldsymbol{x}(0) \qquad \text{式 1・9}$$

となる．

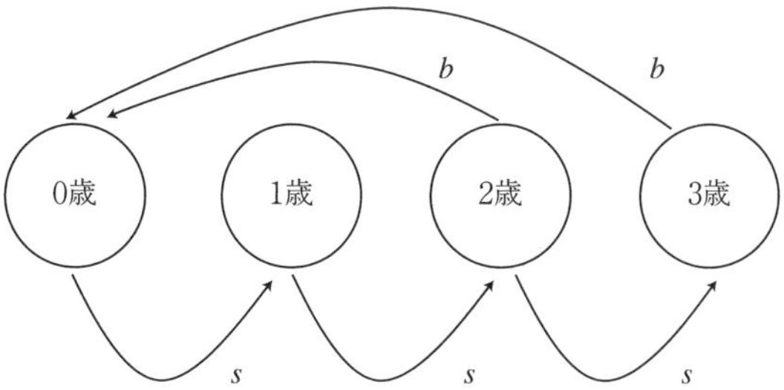

図1・8　齢構成モデル

4・3　逆行列

つぎに，逆行列を定義する．n 次の正方行列 $\boldsymbol{A}$ に対して，

$$\boldsymbol{AB} = \boldsymbol{BA} = \boldsymbol{I}_n \quad (\boldsymbol{I}_n \text{ は単位行列})$$

となる n 次の正方行列 $\boldsymbol{B}$ が存在するとき，$\boldsymbol{B}$ を $\boldsymbol{A}$ の逆行列とよび，これを $\boldsymbol{A}^{-1}$ で表す．逆行列が存在する行列を正則行列という．逆行列は存在すれば一意的に定まる．

行列 $\boldsymbol{A}$ の正則性は，行列のランク（階数）とよばれる数によって決まる．ここでは詳細には立ち入らないが，行列を n 個のベクトル（縦あるいは横ベクトル）に分割した時，そのベクトルが 1 次独立であれば行列のランクは n となる．正方行列の次元とランクが一致するとき，行列は正則となり，したがって逆行列が存在する．

逆行列の存在は行列式でも確かめられる．n 次の正方行列

$$\boldsymbol{A} = \begin{pmatrix} a_{11} & \cdots & a_{1n} \\ & \cdots & \\ a_{n1} & \cdots & a_{nn} \end{pmatrix}$$

に対する行列式は，$n = 2$ のとき，

$$|\boldsymbol{A}| = a_{11}a_{22} - a_{12}a_{21}$$

である．これは行列の成分をたすきがけして掛け算し，その差をとった形とみることができる．

行列式は一般には

$$|\boldsymbol{A}| = \sum_{i=1}^{n} (-1)^{i+j} a_{ij} |\boldsymbol{A}_{ij}| \quad (j = 1, 2, \ldots, n) \qquad \text{式 } 1 \cdot 10$$

という式で定義される．ここで，$\boldsymbol{A}_{ij}$ は (i, j) 成分の余因子行列とよばれ，行列 $\boldsymbol{A}$ から第 i 行と第 j 列を取り除いた $(n-1) \times (n-1)$ 行列で定められる．また，行列式 $|\boldsymbol{A}_{ij}|$ を (i, j) 成分の余因子という．$|\boldsymbol{A}|$ の値は j の選び方によらず一定であり，したがって j は自由に選んでよい．また，

$$|\boldsymbol{A}| = \sum_{j=1}^{n} (-1)^{i+j} a_{ij} |\boldsymbol{A}_{ij}| \quad (i = 1, 2, \ldots, n) \qquad \text{式 } 1 \cdot 11$$

としても同値である．このような行列式の表現を余因子展開という．

例えば $n = 3$ のときの余因子展開を計算してみよう．いま，$j = 1$ とおくと余因子行列は

$$\boldsymbol{A}_{11} = \begin{pmatrix} a_{22} & a_{23} \\ a_{32} & a_{33} \end{pmatrix}, \quad \boldsymbol{A}_{21} = \begin{pmatrix} a_{12} & a_{13} \\ a_{32} & a_{33} \end{pmatrix}, \quad \boldsymbol{A}_{31} = \begin{pmatrix} a_{12} & a_{13} \\ a_{22} & a_{23} \end{pmatrix}$$

となり，

$$|\boldsymbol{A}_{11}| = a_{22}a_{33} - a_{23}a_{32}, \quad |\boldsymbol{A}_{21}| = a_{12}a_{33} - a_{13}a_{32}, \quad |\boldsymbol{A}_{31}| = a_{12}a_{23} - a_{13}a_{22}$$

を得る．したがって，式 1・10 は，

$$|\boldsymbol{A}| = a_{11}(a_{22}a_{33} - a_{23}a_{32}) - a_{21}(a_{12}a_{33} - a_{13}a_{32},) + a_{31}(a_{12}a_{23} - a_{13}a_{22})$$

となる．これは2次の正方行列の場合と同様に，行列の成分をたすきがけした計算式とみることもできる（これをサラスの方法ともいう）．

定理 4.2　正方行列 $\boldsymbol{A}$ が正則であるための必要十分条件は $|\boldsymbol{A}| \neq 0$ であり，このとき逆行列は

$$A^{-1} = \frac{1}{|\boldsymbol{A}|}\begin{pmatrix} |\boldsymbol{A}_{11}| & |\boldsymbol{A}_{12}| & \cdots & |\boldsymbol{A}_{1n}| \\ |\boldsymbol{A}_{21}| & |\boldsymbol{A}_{22}| & \cdots & |\boldsymbol{A}_{2n}| \\ & \cdots & \cdots & \\ |\boldsymbol{A}_{n1}| & |\boldsymbol{A}_{n2}| & \cdots & |\boldsymbol{A}_{nn}| \end{pmatrix}^T \qquad \text{式 1・12}$$

で与えられる．

例 4.4

3次の正方行列

$$\boldsymbol{A} = \begin{pmatrix} 5 & 3 & 2 \\ 3 & 4 & 3 \\ 2 & 3 & 5 \end{pmatrix}$$

の逆行列を計算する．行列式は $|\boldsymbol{A}| = 30$ であり，したがって

$$\boldsymbol{A}^{-1} = \frac{1}{|\boldsymbol{A}|}\begin{pmatrix} |\boldsymbol{A}_{11}| & |\boldsymbol{A}_{12}| & |\boldsymbol{A}_{13}| \\ |\boldsymbol{A}_{21}| & |\boldsymbol{A}_{22}| & |\boldsymbol{A}_{23}| \\ |\boldsymbol{A}_{31}| & |\boldsymbol{A}_{32}| & |\boldsymbol{A}_{33}| \end{pmatrix}^T = \frac{1}{30}\begin{pmatrix} 11 & -9 & 1 \\ -9 & 21 & -9 \\ 1 & -9 & 11 \end{pmatrix}$$

となる．

最後に，逆行列と行列式に関する性質をまとめておく．

定理 4.3（逆行列と行列式の性質）　n 次の正方行列 $\boldsymbol{A}, \boldsymbol{B}$ に対し，

i）$(\boldsymbol{AB})^{-1} = \boldsymbol{B}^{-1}\boldsymbol{A}^{-1}$

ii）$(\boldsymbol{A}^{-1})^{-1} = \boldsymbol{A},\ (\boldsymbol{A}^T)^{-1} = (\boldsymbol{A}^{-1})^T$

iii）$(c\boldsymbol{A})^{-1} = c^{-1}\boldsymbol{A}^{-1}$

iv）$|\boldsymbol{AB}| = |\boldsymbol{A}||\boldsymbol{B}|,\ |c\boldsymbol{A}| = c^n|\boldsymbol{A}|$　（c は定数）

v）$|\boldsymbol{A}^T| = |\boldsymbol{A}|$

vi)　行列 $\boldsymbol{A}$ が三角行列または対角行列のとき，$|\boldsymbol{A}| = a_1 a_2 \cdots a_n$ である．

4・4　連立 1 次方程式

例 4.5（生物の移動と逆問題）

ある野生生物種には 3 つの生息地があり，それぞれの個体は毎年生息地を移動してよいとする．ある年に生息地 1 にいる個体が次の年に生息地 1，2，3 のそれぞれに留まるあるいは移動する確率を (0.5, 0.3, 0.2) とする．同様に，生息地 2 および 3 からの移動確率を (0.3, 0.4, 0.3)，(0.2, 0.3, 0.5) とする．ここで，ある年に生息地 i (= 1, 2, 3) にいた個体が生息地 j (= 1, 2, 3) に移動する確率を (i, j) 成分にもつ行列を

$$P = \begin{pmatrix} 0.5 & 0.3 & 0.2 \\ 0.3 & 0.4 & 0.3 \\ 0.2 & 0.3 & 0.5 \end{pmatrix}$$

で定義する．このように，ある時点から次の時点への推移の確率を表現するモデルをマルコフ連鎖とよび，$\boldsymbol{P}$ のようにどの成分も非負で各行の和が 1 である行列を推移確率行列という．実は，この例題の推移確率行列は例 4.4 の行列と $\boldsymbol{P} = \frac{1}{10}\boldsymbol{A}$ のように定数倍違うだけである．

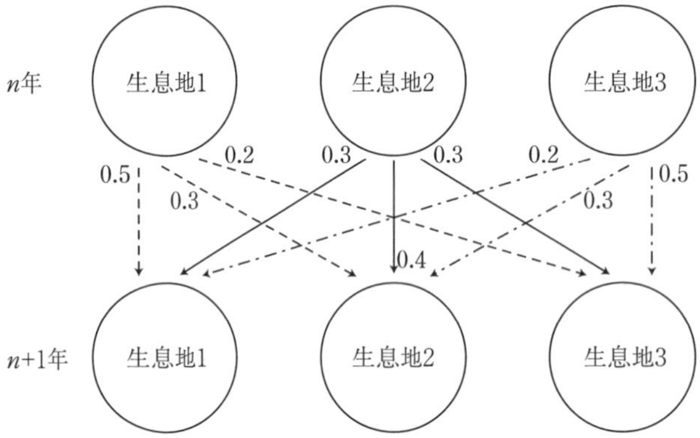

図 1・9　移動のモデル

いま，ある年の調査でそれぞれの生息地における個体数の頻度が $\boldsymbol{x}(1) = (0.26, 0.33, 0.41)$ であったとする．このとき，1 年後の個体数の頻度は行列とベクトルの積を用いて，$\boldsymbol{x}(2) = \boldsymbol{x}(1)\boldsymbol{P} = (0.311, 0.333, 0.356)$ のように求められる．この推移確率行列にしたがい移動を十分長く繰り返すとき，n 年後の個体数の頻度 $\boldsymbol{x}(n) = \boldsymbol{x}(1)\boldsymbol{P}^{n-1}$ は (1/3, 1/3, 1/3) に近づく．

ところで，1 年前の個体数はどうであっただろうか．これは

$$\boldsymbol{x}(0)\boldsymbol{P} = \boldsymbol{x}(1) \qquad \text{式 1・13}$$

をみたす $\boldsymbol{x}(0)$を求める逆問題となる．実は，この例題の推移確率行列は例 4.4 の行列と $|\boldsymbol{P}| = \frac{1}{10}|\boldsymbol{A}| \neq 0$ のような関係があり，$\boldsymbol{P}$ の逆行列が存在することがわかる．そして，この逆行列 $\boldsymbol{P}^{-1}$ を式 1・13 の両辺に右側からかければ，

$$\boldsymbol{x}(0) = \boldsymbol{x}(1)\boldsymbol{P}^{-1} = 10\,\boldsymbol{x}(1)\boldsymbol{A}^{-1} = (0.1, 0.3, 0.6)$$

が求まる．

上記の逆問題を少し定式化してみよう．n 次の正方行列 $\boldsymbol{A}$ と 2 つの n 次元ベクトル $\boldsymbol{x} = (x_1, x_2, \ldots, x_n)^T$，$\boldsymbol{b} = (b_1, b_2, \ldots, b_n)^T$ に対して，次のような方程式を考える．

$$\boldsymbol{Ax} = \boldsymbol{b} \qquad \text{式 1・14}$$

先の式 1・13 も両辺を転置すればこの形となる．これは $\boldsymbol{x}$ に関する連立 1 次方程式である．行列 $\boldsymbol{A}$ が正則なら，逆行列 $\boldsymbol{A}^{-1}$ を用いて

$$\boldsymbol{x} = \boldsymbol{A}^{-1}\boldsymbol{b} \qquad \text{式 1・15}$$

のように方程式の解が求められる．この解は，定理 4.2 の公式から

$$x_j = \frac{1}{|\boldsymbol{A}|}\sum_{i=1}^{n} A_{ij} b_i \quad (j = 1, 2, \ldots, n)$$

のように余因子を利用して表すことができる．これは行列 $\boldsymbol{A}$ の第 j 列をベクトル $\boldsymbol{b}$ で置き換えた行列の余因子と一致する（これをクラーメルの公式とよぶ）．

最後に 4・5 の固有値に関連した定理を 1 つあげる．

定理 4.4（同次連立 1 次方程式）　n 次の正方行列 $\boldsymbol{A}$ に対する連立 1 次方程式 $\boldsymbol{Ax} = \boldsymbol{b}$ において，$\boldsymbol{b} = \boldsymbol{0} = (0, 0, \ldots, 0)^T$ である場合を同次連立 1 次方程式とよぶ．このとき，$\boldsymbol{x}$ が $\boldsymbol{x} = \boldsymbol{0}$ 以外の解（非自明解）をもつための必要十分条件は $|\boldsymbol{A}| = 0$ である．

4・5　固有値と固有ベクトル

n 次の正方行列 $\boldsymbol{A}$ に対して，

$$\boldsymbol{Av} = \lambda\boldsymbol{v} \quad (\boldsymbol{v} \neq \boldsymbol{0}) \qquad \text{式 1・16}$$

をみたす数 λ を $\boldsymbol{A}$ の固有値，そして $\boldsymbol{v}$ を $\boldsymbol{A}$ の λ に対する固有ベクトルという．式 1・16 は，同次連立 1 次方程式

$$(\boldsymbol{A} - \lambda\boldsymbol{I}_n)\boldsymbol{v} = \boldsymbol{0}$$

の非自明解（$\boldsymbol{v} \neq \boldsymbol{0}$ である解）であり，これが非自明解をもつための必要十分条件は定理 4.4 より

$$|\boldsymbol{A}-\lambda \boldsymbol{I}_n|=\boldsymbol{0} \qquad 式1・17$$

である．式1・17の左辺はλに関するn次多項式であり，これを$\boldsymbol{A}$の固有多項式という．また，式1・17を$\boldsymbol{A}$の固有方程式とよぶ．なお，固有値は重複を許してn個あり，これらは複素数となることもある（なお，複素数については第4章「電磁気学」の付録を参照のこと）．

例 4.4（続き）

行列$\boldsymbol{A}$の固有方程式は

$$|\boldsymbol{A}-\lambda \boldsymbol{I}_3|=\begin{vmatrix} 5-\lambda & 3 & 2 \\ 3 & 4-\lambda & 3 \\ 2 & 3 & 5-\lambda \end{vmatrix}=0$$

である．この行列式を計算し，$(\lambda-10)(\lambda-3)(\lambda-1)=0$ より，$\lambda=10, 3, 1$ が固有値となる．また，例えば固有値10に対する固有ベクトルは

$$(\boldsymbol{A}-10\cdot\boldsymbol{I}_3)\boldsymbol{v}=\boldsymbol{0} \Longleftrightarrow \begin{pmatrix} -5 & 3 & 2 \\ 3 & -6 & 3 \\ 2 & 3 & -5 \end{pmatrix}\begin{pmatrix} v_1 \\ v_2 \\ v_3 \end{pmatrix}=\begin{pmatrix} 0 \\ 0 \\ 0 \end{pmatrix}$$

の解であり，このとき$v_1=v_2=v_3$という関係が成り立つ．したがって，$\boldsymbol{v}^T=c(1, 1, 1)$（$c$は定数）として求められる．残りの固有値についても同様に計算できる．

ここで固有値の性質についてまとめておく．

定理 4.5（固有値の性質） n次正方行列$\boldsymbol{A}$の固有値を$\lambda_1, \lambda_2, \ldots, \lambda_n$とおくとき，以下が成り立つ．

i) $\mathrm{tr}(\boldsymbol{A})=\lambda_1+\lambda_2+\cdots+\lambda_n$

ii) $|\boldsymbol{A}|=\lambda_1\lambda_2\cdots\lambda_n$

iii) $\boldsymbol{A}$が正則なとき，$\boldsymbol{A}^{-1}$の固有値はλ_1^{-1}，λ_2^{-1}，…，λ_n^{-1}である

iv) $\boldsymbol{A}^2=\boldsymbol{A}$となる行列（べき等行列という）の固有値は0または1である

いま，n次正方行列$\boldsymbol{A}$の固有値に対する$\lambda_1, \lambda_2, \ldots, \lambda_n$固有ベクトルをそれぞれ$\boldsymbol{v}_1, \boldsymbol{v}_2, \ldots, \boldsymbol{v}_n$とおくとき，各固有値に対して$\boldsymbol{A}\boldsymbol{v}_i=\lambda_i\boldsymbol{v}_i$が成り立つ．ここで，

$$\boldsymbol{V}=(\boldsymbol{v}_1, \boldsymbol{v}_2, \ldots, \boldsymbol{v}_n), \quad \boldsymbol{\Lambda}=\begin{pmatrix} \lambda_1 & 0 & \cdots & 0 \\ 0 & \lambda_2 & \cdots & 0 \\ & \cdots & \cdots & \\ 0 & 0 & \cdots & \lambda_n \end{pmatrix}$$

とおくとき，

$$\boldsymbol{AV} = \boldsymbol{V\Lambda}$$

と表すことができる．また，n 個の固有ベクトルが 1 次独立であるとき，V の逆行列が存在し，

$$\boldsymbol{V}^{-1}\boldsymbol{AV} = \boldsymbol{\Lambda} \qquad \text{式 } 1\cdot 18$$

が成り立つ．式 1・18 の右辺は対角行列であり，このような操作を行列 $\boldsymbol{A}$ の対角化という．n 個の固有値がすべて異なるとき，固有ベクトルは 1 次独立であり，したがって対角化可能である．ただし，固有方程式が重解をもつときには対角化できるとはかぎらない．

対角化が可能であるとき，

$$\boldsymbol{\Lambda}^n = (\boldsymbol{V}^{-1}\boldsymbol{AV})^n = (\boldsymbol{V}^{-1}\boldsymbol{AV})(\boldsymbol{V}^{-1}\boldsymbol{AV})\cdots(\boldsymbol{V}^{-1}\boldsymbol{AV}) = \boldsymbol{V}^{-1}\boldsymbol{A}^n\boldsymbol{V}$$

となり，

$$\boldsymbol{A}^n = \boldsymbol{V\Lambda}^n\boldsymbol{V}^{-1}$$

のように行列のべき乗の計算を容易に行うことができる．なお，行列 $\boldsymbol{A}$ が対称行列で n 個の異なる固有ベクトルをもつとき，相異なる固有ベクトルは直交する．このとき，$\boldsymbol{V}^T\boldsymbol{V} = \boldsymbol{VV}^T = \boldsymbol{I}_n$ および $\boldsymbol{V}^{-1} = \boldsymbol{V}^T$ が成り立つ．このような $\boldsymbol{V}$ を直交行列という．

例 4.5（続き）

行列 $\boldsymbol{P}$ の固有値は行列 $\boldsymbol{A}$ の固有値をそれぞれ 10 で割って $\lambda_1 = 1$，$\lambda_2 = 0.3$，$\lambda_3 = 0.1$ として得られる．また，行列 $\boldsymbol{P}$ は対称行列であり，その固有ベクトルはそれぞれ

$$\boldsymbol{v}_1 = c_1\begin{pmatrix}1\\1\\1\end{pmatrix},\quad \boldsymbol{v}_2 = c_2\begin{pmatrix}1\\0\\-1\end{pmatrix},\quad \boldsymbol{v}_3 = c_3\begin{pmatrix}1\\-2\\1\end{pmatrix}$$

のように求められる．c_1，c_2，c_3 は 0 でない定数で，$c_1 = 1/\sqrt{3}$，$c_2 = 1 = /\sqrt{2}$，$c_3 = 1/\sqrt{6}$ のように固有ベクトルの長さが 1 になるように調整できる．このとき，固有ベクトルから構成される行列 $\boldsymbol{V}$ は直交行列となり，$\boldsymbol{V}^{-1} = \boldsymbol{V}^T$ であるから，

$$\boldsymbol{P}^n = \boldsymbol{V\Lambda}^n\boldsymbol{V}^{-1} = \boldsymbol{V\Lambda}^n\boldsymbol{V}^T$$

となる．n を無限に大きくするとき，

$$\lim_{n\to\infty}\Lambda^n = \begin{pmatrix}1&0&0\\0&0&0\\0&0&0\end{pmatrix}$$

となるから，最大固有値 $\lambda_1 = 1$ の固有ベクトルだけが $\boldsymbol{P}^n$ の極限に寄与することがわかる．実際，

$$\lim_{n\to\infty} \boldsymbol{P}^n = \boldsymbol{V}(\lim_{n\to\infty} \Lambda^n)\boldsymbol{V}^T = \boldsymbol{v}_1\boldsymbol{v}_1^T = \begin{pmatrix} 1/3 & 1/3 & 1/3 \\ 1/3 & 1/3 & 1/3 \\ 1/3 & 1/3 & 1/3 \end{pmatrix}$$

となり，最初の組成$\boldsymbol{x}(1)$がどんな値であっても，nが大きいとき$\boldsymbol{x}(n)$は$(1/3,\ 1/3,\ 1/3)$となることがわかる（注意：$\boldsymbol{P}$ の値が違えば$\boldsymbol{x}(n)$の収束先も異なり，また収束せずに周期的に変化する場合もある）．

なお，例 4.3 の年齢構成モデルでは，最大固有値（必ず正）およびその固有ベクトルが個体数の変動を支配することが知られている．また，2 つ以上の種が互いに影響しあっている個体群の個体数変動モデルにおいても，この固有値および固有ベクトルが大変重要な基礎となる．詳しくは数理生態学の専門書を参照のこと．

§5. 多変数関数の微分積分

§1. および §2. では，1 変数関数の微分と積分について学んだ．しかし，2 変数以上の関数を扱わなければならない場面もある．2つ以上の独立した変数の値によって定まる関数を多変数関数という．ここでは，多変数関数のうち 2 変数関数に対する偏微分および重積分について，それぞれ最小二乗法および極座標変換を例にとりながらごく簡単に紹介する．

5・1　偏微分と最小二乗法

2 変数関数は通常$f(x, y)$のように表す．2 変数関数のグラフ$z = f(x, y)$は，xy 平面上の各点(x, y)に対する高さを$f(x, y)$で表していると考えればよい．例えば平面上の各地点におけるビルの高さや，山の高さなどを想像すればよい．図 1・10 に示した関数は，2 変数関数の非常に簡単な例である．

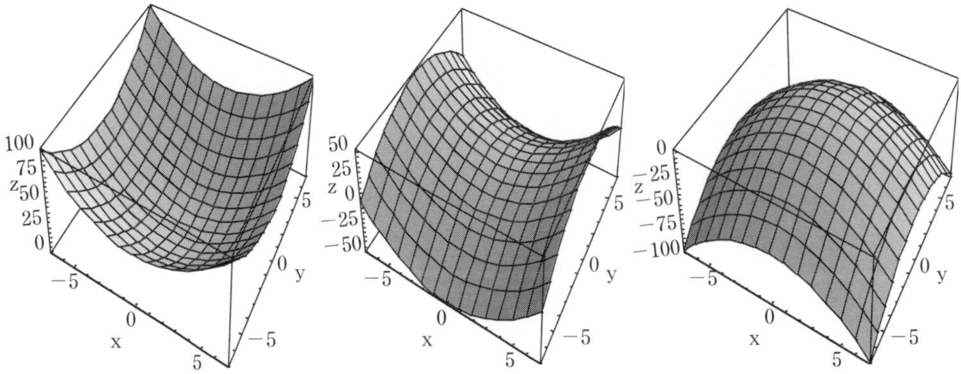

図 1・10　左から順に$z=x^2+y^2$, $z=x^2-y^2$, $z=-x^2-y^2$のグラフ

次に 2 変数関数に対する微分係数および導関数について述べる．まず，yの値をy_0に固定すると$f(x, y_0)$ はxの 1 変数関数となる．微分係数の定義によると，$f(x, y_0)$の点x_0における微分係数は

$$\lim_{h \to 0} \frac{f(x_0+h,\ y_0)-f(x_0,\ y_0)}{h}$$

で定義される．これを(x_0, y_0)における$f(x, y)$のxに関する偏微分係数といい，$f_x(x_0, y_0)$と書く．また，(x_0, y_0)における$f(x, y)$のyに関する偏微分係数も同様に定義され，これを$f_y(x_0, y_0)$と書く．さらに，$f(x, y)$がある領域Dにおいて偏微分可能であるとき，$f_x(x, y)$，$f_y(x, y)$を$f(x, y)$の偏導関数とよぶ．$f_x(x, y)$，$f_y(x, y)$をそれぞれ

$$\frac{\partial}{\partial x} f(x,y),\ \frac{\partial}{\partial y} f(x,y)$$

と表すこともある．

1変数関数で導関数の導関数として高次の導関数を定義したように，2変数関数においても高次の偏導関数が定義できる．例えば，$f_x(x, y)$のxによる偏導関数$\frac{\partial}{\partial x} f_x(x, y)$が$x$についての2次の偏導関数で，$\frac{\partial^2}{\partial x^2} f(x, y)$あるいは$f_{xx}(x, y)$とも表す．また，$f_x(x, y)$の$y$による偏導関数$\frac{\partial}{\partial y} f_x(x, y)$を$\frac{\partial^2}{\partial x \partial y} f(x, y)$あるいは$f_{xy}(x, y)$などのようにも表す．なお，連続で何度でも微分可能な通常の関数では$f_{xy}(x, y) = f_{yx}(x, y)$が成り立つ．

例 5.1

2次曲線$f(x, y) = Ax^2 + By^2 - 2Fx - 2Gy + 2Hxy + C$に対して，$x, y$の偏導関数はそれぞれ$f_x(x, y) = 2Ax - 2F + 2Hy$，$f_y(x, y) = 2By - 2G + 2Hx$であり，2次の偏導関数は$f_{xx}(x, y) = 2A$，$f_{yy}(x, y) = 2B$，そして$f_{xy}(x, y) = f_{yx}(x, y) = 2H$となる．

また，2変数関数に対しても極値を定義することができる．関数$f(x, y)$が点(a, b)を含むある領域で微分可能であるとする．このとき，十分小さい任意の正の数hに対する$(x-a)^2 + (y-b)^2 < h$内のすべての点(x, y)において，$f(x, y) > f(a, b)$ならば$f(x, y)$が点(a, b)で極大，$f(x, y) < f(a, b)$ならば$f(x, y)$が点(a, b)で極小という．

関数$f(x, y)$が(a, b)で極値をもつとする．このとき，$y = b$のように固定し，$f(x, y)$をxの関数とみなせば$f_x(a, b) = 0$が成り立ち，同様にして$f_y(a, b) = 0$も成り立つ．この条件$f_x(a, b) = f_y(a, b) = 0$をみたす点$(a, b)$を$f(x, y)$の臨界点（停留点）という．なお，先に図示した3つの関数の臨界点は共通して$(x, y) = (0, 0)$である．臨界点であることは極値であるための必要条件でしかなく，したがって臨界点は必ずしも極値ではない．そこで極値であるための十分条件に関する定理を1つあげる．

定理 5.1　関数$f(x, y)$が点(a, b)において連続な2次の偏導関数をもち，$f_x(a, b) = f_y(a, b) = 0$であるとする．ここで，

$$D = \{f_{xy}(a, b)\}^2 - f_{xx}(a, b)\, f_{yy}(a, b) \qquad \text{式 1・19}$$

とおくとき，次が成り立つ．

i)　$D < 0$かつ$f_{xx}(a, b) > 0$ならば$f(x, y)$は点(a, b)で極小

ii)　$D < 0$ かつ $f_{xx}(a, b) < 0$ ならば $f(x, y)$ は点 (a, b) で極大

iii)　$D > 0$ ならば (a, b) は極値ではない

例 5.1（続き）

2 次曲線 $f(x, y) = Ax^2 + By^2 - 2Fx - 2Gy + 2Hxy + C$ の臨界点は

$$f_x(x, y) = 2Ax - 2F + 2Hy = 0$$

$$f_y(x, y) = 2By - 2G + 2Hx = 0$$

の解であり，これは 4・4 節で紹介した連立 1 次方程式

$$\begin{pmatrix} A & H \\ H & B \end{pmatrix}\begin{pmatrix} x \\ y \end{pmatrix} = \begin{pmatrix} F \\ G \end{pmatrix}$$

と同値である．したがって，行列式 $AB - H^2 \neq 0$ であれば臨界点がただ 1 つ求まる．また，定理 5.1 より $D = H^2 - AB < 0$ であるとき，

$A > 0$ ならば，その臨界点で極小かつ最小

$A < 0$ ならば，その臨界点で極大かつ最大

となる．一方で，$D = H^2 - AB > 0$ であるとき，臨界点は鞍点とよばれる点となる．

例 5.2（最小二乗法）

いま，2つの変量に対する関係を調べるために，n 組のデータ (x_i, y_i) $(i = 1, 2, \ldots, n)$ が観測され，これを基に x の値から y の値を予測するルールを作成するとしよう．そこで，x と y には直線的な関係があると想定し，$y = \alpha + \beta x$ のようなモデル式を考えたとする．観測値 y_i と予測値 $\alpha + \beta x_i$ との差

$$\varepsilon_i = y_i - (\alpha + \beta x_i) \quad (i = 1, 2, \ldots, n)$$

を誤差といい，ε_i は誤差項とよばれる．$n > 2$ のとき，特別な場合を除いて，この誤差が全ての観測値のペアに対して 0 となるような α と β を求めることはできない．また，誤差は正負どちらの値も取るため，誤差を単純に足し合わせることも意味をなさない．そこで，観測値に適合した α, β を求めるために以下のような最小二乗基準がよく利用される．

$$S(\alpha, \beta) = \sum_{i=1}^{n} \varepsilon_i^2 = \sum_{i=1}^{n} \{y_i - (\alpha + \beta x_i)\}^2$$

この値を最小にするような解を求める方法を最小二乗法という．

さて，この最小二乗解をどのように求めればよいか．実は，$S(\alpha, \beta)$ は α, β の 2 変数関数であり，

$$S(\alpha, \beta) = n\alpha^2 + \left(\sum x_i^2\right)\beta^2 - 2\left(\sum y_i\right)\alpha - 2\left(\sum x_i y_i\right)\beta + 2\left(\sum x_i\right)\alpha\beta + \sum y_i^2$$

と表すことができる（これ以降，シグマ記号の範囲は $i = 1, 2, \ldots, n$ である）．これはまさに例 5.1 の x, y を α, β に置き換えた形であり，式 1・7 の Schwartz の不等式において $\boldsymbol{a} = (x_1, x_2, \ldots, x_n)$ と

$\boldsymbol{b}=(1, 1, \ldots, 1)$ とおくことにより，

$$D=H^2-AB=\left(\sum x_i\right)^2-n\sum x_i^2<0$$

であることが示され，さらに $A=n$ は正であるから，臨界点は最小値を与える点であることがわかる．

そこで，$S(\alpha,\ \beta)$ の α，β に関する偏微分を 0 とおいて連立方程式を解くと，

$$\hat{\alpha}=\bar{y}-\bar{x}\hat{\beta}$$

$$\hat{\beta}=\frac{\sum x_i y_i-n\bar{x}\bar{y}}{\sum x_i^2-n\bar{x}^2}\ \frac{\sum (x_i-\bar{x})(y_i-\bar{y})}{\sum (x_i-\bar{x})^2}$$

が最小値を与える点，すなわち最小二乗解として得られる．ただし，

$$\bar{x}=\frac{1}{n}\sum x_i,\quad \bar{y}=\frac{1}{n}\sum y_i$$

である．

上記の計算で求められたを $\hat{\alpha}$, $\hat{\beta}$ を代入した直線式 $y=\hat{\alpha}+\hat{\beta}x$ を用いて x の値から y の値を予測することができる．このような方法を回帰分析とよぶ．なお，回帰分析における推定の誤差や直線（回帰式という）の当てはまり具合に関する議論は，第2章の統計学の項を参照のこと．また，最小二乗法は上記の1次式に限らず非線形関数にも適用可能な一般的な考え方であることに注意する．

5・2　2重積分

次に2変数関数の定積分について簡単に触れる．1変数の場合は閉区間 $[a, b]$ を小区間に分割し，小区間から任意に選んだ点を用いて長方形の面積の和を定義し，その極限という形で定積分を定義した．2変数関数 $f(x, y)$ の場合にも同様に定義することができる．すなわち，区間の代わりに閉領域 D を考え，それを小さな閉領域 D_i $(i=1, 2, \ldots, n)$ に分割する．D_i から任意に選んだ点 (a_i, b_i) における値 $f(a_i, b_i)$ と D_i の面積 S_i をかけあわせ体積

$$V=\sum_{i=1}^{n} f(a_i, b_i)S_i$$

を求める．ここで D の分割をどんどん小さくするとき，V の極限が (a_i, b_i) の値の選び方によらず一定となるならば，これを D における $f(x, y)$ の定積分または2重積分といい，

$$\iint_D f(x, y)dxdy$$

と表す．この2重積分についても1変数同様の定積分の基本性質や平均値の定理が存在する．また，置換積分に相当する変数変換もしばしば用いられる．

定理 5.2（2変数関数の変数変換）　$x=\phi(u, v)$，$y=\psi(u, v)$ により uv 平面のある領域 D' から xy 平面の領域 D への1対1の対応が与えられ，D' において $\phi(u, v)$ および $\psi(u, v)$ は (u, v) に関して連続な偏

導関数をもつとする．また，以下に定義されるヤコビ行列の行列式（ヤコビアン）

$$J = \begin{vmatrix} \dfrac{\partial x}{\partial u} & \dfrac{\partial x}{\partial v} \\ \dfrac{\partial y}{\partial u} & \dfrac{\partial y}{\partial v} \end{vmatrix} \qquad \text{式 1・20}$$

が 0 でないとする．このとき，$f(x, y)$ が連続なら

$$\iint_D f(x, y)dxdy = \iint_{D'} f(\phi(u, v), \psi(u, v)) \, |J| \, dudv \qquad \text{式 1・21}$$

が成り立つ．

例 5.3（極座標）

直交座標から極座標への変換 $x = r\cos\theta$，$y = r\sin\theta$ では

$$J = \begin{vmatrix} \dfrac{\partial x}{\partial r} & \dfrac{\partial x}{\partial \theta} \\ \dfrac{\partial y}{\partial r} & \dfrac{\partial y}{\partial \theta} \end{vmatrix} = \begin{vmatrix} \cos\theta & -r\sin\theta \\ \sin\theta & r\cos\theta \end{vmatrix} = r(\cos^2\theta + \sin^2\theta) = r$$

より，次式が成り立つ．

$$\iint_D f(x, y)dxdy = \iint_{D'} f(r\cos\theta, r\sin\theta)rdrd\theta \qquad \text{式 1・22}$$

これを利用して

$$I^2 = \int_{-\infty}^{\infty}\int_{-\infty}^{\infty} e^{-(x^2+y^2)/2}dxdy$$

を計算してみよう．$x = r\cos\theta$，$y = r\sin\theta$ より，$0 < r < \infty$，$0 < \theta < 2\pi$ の範囲で積分すればよい．したがって，

$$\begin{aligned} I^2 &= \int_0^{2\pi} \left\{ \int_0^{\infty} e^{-r^2/2} rdr \right\} d\theta \\ &= \int_0^{2\pi} \left[-e^{-r^2/2} \right]_0^{\infty} d\theta \\ &= \int_0^{2\pi} 1 d\theta = 2\pi \end{aligned}$$

となる．またこれにより，

$$I = \int_{-\infty}^{\infty} e^{-x^2/2}dx = \sqrt{2\pi}$$

となり，2 章で述べられる標準正規分布の確率密度関数の全確率が 1 であることも示された．

（北門利英）

第2章　統計学

水産学に限らず，科学研究では「自分が立てた仮説に対して実験・調査を行って立証・検証し，これを第三者に対して客観的にかつ説得力をもって説明する」ことが重要である．科学研究のデータ解析と客観的に事象を説明するために統計学が必要となる．高等学校では，確率・統計の単元に時間が多く割かれることはなく，どちらかといえば数理科学の中ではなじみの薄い分野であろう．ところが，統計学は，卒業研究や学位論文の研究の中で扱う実験デザインとデータ解析を行っていく上では不可欠のものであり，成書も多い[1–3]．統計学が単なる公式や手法としてやみくもに使われることもままあるが，実際にはそれぞれに具体的な意味や理由があって用いられているのである．これらの統計学的な概念の初歩について理解してゆくのが本章の狙いである．

§1. 統計学の成り立ちと確率および仮説検定の概念

1・1　統計学とは

統計学とは，ばらつきを伴う情報を，客観的に分析･評価する学問である．ここでいう情報には様々なものが当てはまるが，基本的に数値で表されるように整理されたものである．統計学という学問を大別すると記述統計学と推測統計学とに分けられる．

記述統計学は，観察した情報の集団的な性質を記述するものである．代表的な例に国勢調査をあげる．ある国や地域に住むすべての住民の人数（人口），年齢や性別といった様々な区分に該当する人数の組成を調べる．これらの数値情報をもとに，それぞれの地域の出生率や死亡率から少子化の進行を評価したり，労働可能な人口を求めて税収の見積や分配の基礎資料とするのである．

一方の推測統計学は，観察する情報の全体の集団（母集団）から一部をとりだして標本（サンプル）とする．この標本から得られた情報を数量的に要約したり分類したりして，全体（母集団）の性質を推論する．例えば，ある広い砂浜に生息するアサリの殻の大きさ（殻長）を調べるとする．理想的には砂浜にいる全てのアサリ（＝母集団）を採集して殻長を調べられればよいが，実際には困難であることは容易に想像がつくであろう．そこで，何個体かを採集してきて殻長を測り（＝標本），母集団を代表させることになる．この標本を基準に母集団の特長（統計量）に対する仮説を設け（1･3 節），その妥当性を確率論的に検証したり，標本の特長から母集団の特長を推量する（§2. 以降）．本章では，推測統計学に焦点を当てて進めていく．

1・2　確率の概念

はじめに統計学とは事象を客観的に説明するために必要であることを述べた．ある事象の起こることの妥当性を確率論的に（客観的に）検証するので，当然確率を扱わなければならない．

確率という言葉は日常でも色々なところに現れて使われているものであるが，日常使われている確率と統計学的な確率とはその使用の方法が趣を異にする．その違いは，確率に対する判断の基準に主観が入るか入らないか，による．例えば，天気予報で降水確率50%という場合，外出するときに傘を持っていこうと思う人はかなり多い．これは，その人が傘を持っていくかどうかを判断するときに，降水確率のほかにもこれまでの経験や周りの人の様子といった主観による判断基準が介在していることに起因する．確率だけをみれば，降水確率50%は「雨は降るかも知れないし降らないかも知れない」もしくは「雨が降る確率と降らない確率は同じ」でしかない．もし，降水確率が70%という場合には，「雨の降る確率は降らない確率よりも高い」ということになる．統計学では，主観を排して確率のみで議論をすることになる．

高校の数学などで，サイコロを例に1〜6の目が出る事象の数(6)とその確率（各々の目が1/6で合計1）から学んでいくことが多い．日常生活でサイコロを使うことは多くないので実感がわきにくいが，サイコロというのは事象（出る目）とその確率が明確で扱いやすいためによく例として扱われる．では，大きさのようなものが確率になるのかというと，少し視点を変えてみればよい．1・1節にアサリの例をあげたが，この砂浜にいるアサリ全個体が母集団である．母集団に属するアサリは個体ごとに殻長が決まっている．その中から標本1個を採集して殻長を測るとすれば，この標本としたアサリの殻長が1 cmから2 cmの間となる確率や，3 cm以上となる確率は全てのアサリの殻長のうちのどれだけの割合を占めるかを理論的に決定でき，これらの確率は必ず0（0%）から1（100%）の値をとる．このときに標本としたアサリの大きさは変数とみなすことができ，このように確率を確定できる性質をもつ変数を確率変数とよぶ．そして母集団を確率変数の関数として捉えようとするのである．殻長のような数直線上の値に対して，確率変数の全体像を表す関数$f(x)$を確率密度関数とよび，この関数で示される曲線とx軸で囲まれる面積は全ての確率の合計値である1，すなわち$\int_{-\infty}^{+\infty} f(x)\,dx=1$となる（3・2節で詳説する）．

1・3　推測統計学の基礎（仮説検定の概念）

母集団から得られた標本を基準に母集団の特長（パラメータなど）に対する仮説を設け，その妥当性を確率論的に検証するプロセスを概説する．

このプロセスが統計学的仮説検定であり，よく統計検定とか検定とよばれる（図2・1）．統計学的仮説検定は，裁判の判決に至るまでに例えられることがあるように，一見すると非常に慎重で説明が回りくどいという印象をもつ人もいるだろう．しかし，このプロセスを十分に理解しないと統計検定は出来ないものだと思って欲しい．例えば，マイクロソフトエクセルに代表される様々なソフトウェアで統計検定は可能で，§2．以降に詳述する基本統計量を求めることができれば，何らかの結果はすぐにパソコンで出すことができる．ところが，統計パッケージシンドロームなどと称されるように，検定なんてとりあえずパソコンに数値を放り込んでしまえばよい，と考えている人が少なくないのである．パソコンは入力されたデータに対して計算結果を返すだけで，統計学的仮説検定のプロセスに誤りがあれば計算結果は意味をなさない．

今，ある会社で養殖魚の成長がよいと期待される飼料を新しく開発したとする．この飼料を売り込むためには，客観的に魚の成長がよいことを証明する必要がある．そこで，自社の旧製品との比較実験をすることにした．ここであなたがもともと考えている仮説は「新飼料は旧飼料よりも魚の成長が

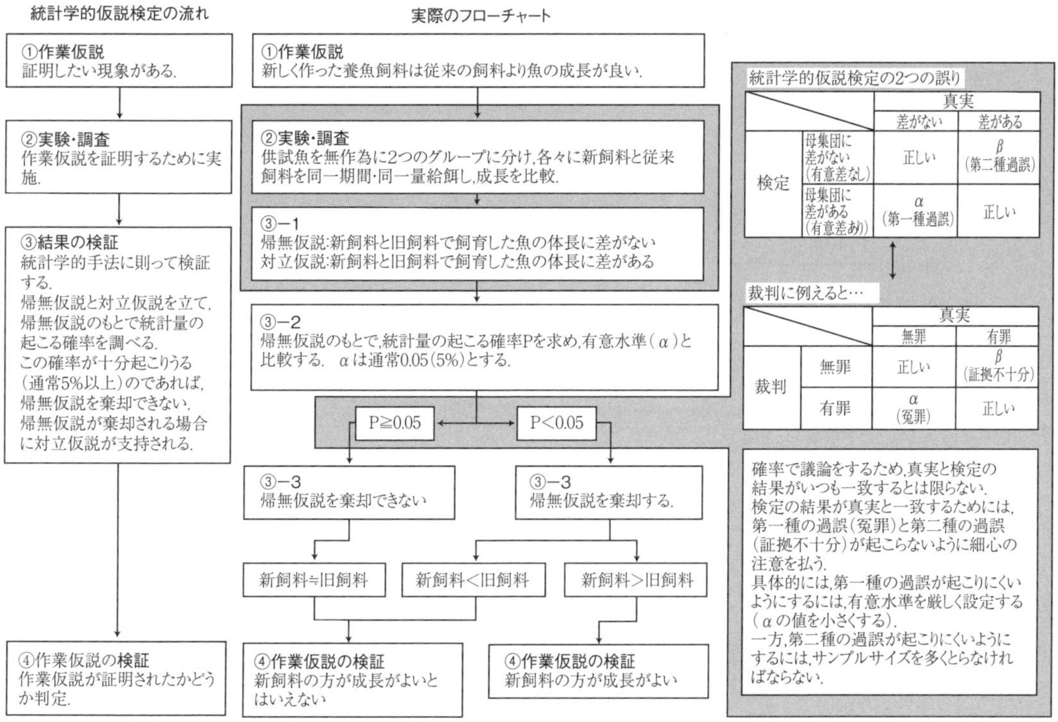

統計学的仮説検定の流れ

①作業仮説
証明したい現象がある．

②実験・調査
作業仮説を証明するために実施．

③結果の検証
統計学的手法に則って検証する．帰無仮説と対立仮説を立て，帰無仮説のもとで統計量の起こる確率を調べる．この確率が十分起こりうる（通常5%以上）のであれば，帰無仮説を棄却できない．帰無仮説が棄却される場合に対立仮説が支持される．

④作業仮説の検証
作業仮説が証明されたかどうか判定．

実際のフローチャート

①作業仮説
新しく作った養魚飼料は従来の飼料より魚の成長が良い．

②実験・調査
供試魚を無作為に2つのグループに分け，各々に新飼料と従来飼料を同一期間・同一量給餌し，成長を比較．

③-1
帰無仮説：新飼料と旧飼料で飼育した魚の体長に差がない
対立仮説：新飼料と旧飼料で飼育した魚の体長に差がある

③-2
帰無仮説のもとで，統計量の起こる確率Pを求め，有意水準（α）と比較する．αは通常0.05（5%）とする．

- $P \geqq 0.05$ → **③-3** 帰無仮説を棄却できない．
  - 新飼料≒旧飼料 → **④作業仮説の検証** 新飼料の方が成長がよいとはいえない
  - 新飼料<旧飼料 → **④作業仮説の検証** 新飼料の方が成長がよいとはいえない
- $P < 0.05$ → **③-3** 帰無仮説を棄却する．
  - 新飼料>旧飼料 → **④作業仮説の検証** 新飼料の方が成長がよい

統計学的仮説検定の2つの誤り

		真実	
		差がない	差がある
検定	母集団に差がない（有意差なし）	正しい	β（第二種過誤）
	母集団に差がある（有意差あり）	α（第一種過誤）	正しい

裁判に例えると…

		真実	
		無罪	有罪
裁判	無罪	正しい	β（証拠不十分）
	有罪	α（冤罪）	正しい

確率で議論をするため，真実と検定の結果がいつも一致するとは限らない．検定の結果が真実と一致するためには，第一種の過誤（冤罪）と第二種の過誤（証拠不十分）が起こらないように細心の注意を払う．具体的には，第一種の過誤が起こりにくいようにするには，有意水準を厳しく設定する（αの値を小さくする）．一方，第二種の過誤が起こりにくいようにするには，サンプルサイズを多くとらなければならない．

図2・1 統計学的仮説検定のプロセス（両側検定）

よい」であろう．これは，統計学的仮説ではなく，実験を行うにあたっての作業仮説とよばれるもので，ある程度の主観が含まれている（図2・1）．以下，図2・1に沿ってみていこう．実験では，同じ大きさの魚を2つのグループ（群）に分けて，同一環境で新飼料と旧飼料をそれぞれ等量与えて飼育して，飼育終了時の体長を測るということをした．そして，旧飼料を与えた魚よりも新飼料を与えた魚の体長が大きいことが証明できれば，作業仮説が証明されることになる．

ここで，それぞれの飼料を与えた魚の大きさが統計学的に違うかどうか，を証明するのが統計学的仮説検定である．まず，「新飼料と旧飼料で飼育した魚の体長に差がない（≒同じである）」という仮説を立てる．これは帰無仮説とよばれる．帰無仮説に対する反証の仮説が対立仮説で，「新飼料と旧飼料で飼育した魚の体長に差がある（≒同じではない）」となる．帰無仮説と対立仮説のうち，数学的に証明できるのは帰無仮説である．この例の場合，体長の情報から2つの飼料で育てた魚の体長の差の程度を客観的に測るデータの関数（統計量）を求め，2つの飼料で育てた魚の体長に差がなければ，体長という数値は同じ母集団に属することになる．同じ母集団から数値を取りだした場合，それらの数値を拾う確率は1・2節に示した確率変数による確率密度関数より求めることができ，これらの確率はほぼ等しいことが予想されるからである．そこで，帰無仮説（2群に差がない）のもとで，新飼料と旧飼料それぞれの魚の体長（統計量）の起こる確率を求める．この確率がごく普通に起こり得る値であれば，帰無仮説を棄却することが出来ず，帰無仮説の方が確からしいということになる．一方，統計量の起こる確率が非常に低い値であったならば，通常は起こりにくい現象が起きていることになる．これは，帰無仮説の前提であった「2つのグループが同じ母集団に属している」としたことに無理があって生じたことで，2つのグループは異なる母集団にそれぞれ属していた（＝大きさが異なる）とみなして帰無仮説を棄却する．すなわち，対立仮説を採った方がより確からしいと判断できる．このとき，2群の値に有意差があるという表現をする．統計量の起こる確率が非常に低い値かどうかの基準となる確率の値を有意水準（危険率）とよび，通常は0.05(5%）にする．もし，検定を厳しく実施する必要が生じたときには有意水準を0.01(1%）に設定する（図2・1).

さて，帰無仮説が棄却できなかった場合は，残念ながら作業仮説は証明できなかったことになる．一方，帰無仮説が棄却された場合に，すぐさま作業仮説が証明できたかというと，そうではない．対立仮説は「新飼料と旧飼料で飼育した魚の体長に差がある」であった．ここには，「新飼料＞旧飼料」と「新飼料＜旧飼料」の2つのケースが含まれているからである．「新飼料＞旧飼料」であることがわかってはじめて作業仮説が証明できたことになる（図2・1).

以上述べてきた統計学的仮説検定のプロセスで起こる間違いの多くは，作業仮説と統計学的仮説(帰無仮説と対立仮説）を混同してしまうことから起こっている．これら一連の手順に必要となる準備とプロセスを §3. 以降で具体的に説明する．なお，ここで述べた統計検定のプロセスでは，対立仮説が2つのグループの値に差があるかどうか（新飼料＞旧飼料と新飼料＜旧飼料の双方を含む）を調べたが，このような場合を両側検定と呼ぶ．一方，はじめから新飼料＞旧飼料に対立仮説を絞って実施する検定があり，この場合は片側検定と呼んでいるが，双方の違いについては成書を参照されたい．また，数学的な証明が苦手とか私は文系頭だから，という人にもこのような証明のプロセスを理解する手助けとなる大変面白い読み物[4,5]があるので，一読をお勧めする．

§2. 数値データの種類と表し方

統計学的仮説検定では，観察した事象を表す数値データをもとに，帰無仮説と対立仮説を立てて数値データから統計量を求め，帰無仮説が成立するという仮定の下でその統計量の起こる確率を調べることを説明してきた．統計量を求めるためには，いくつかの原則と手順の理解が必要であり，ここではそれを概説する．

2・1　数値データの取り方と，数値の種類およびその分布

まず，数値データを採集（サンプリング）するにあたり，守らなければならないことは，無作為抽出（ランダムサンプリング）をするということである．1・2節であげたアサリを例にとれば，採集したアサリのうち大きいものや色つやのよいものだけ拾い上げるということがあってはならない．1・3節であげた異なる飼料を用いた飼育実験でも，飼育開始時に魚を恣意的に2群に分け，作業仮説を導きやすいような設定をしてはならない．倫理的な問題ももちろんのこと，恣意的に採られたデータは母集団を代表せず，通常想定する確率密度関数にもあてはまらないので統計学的な解析はできない．

ひとことで数値データといっても，それらには種類があり，これを尺度水準とよぶ．数値データがどの尺度水準にあるかをまず知る必要がある．尺度水準は大別すると次の3つに分けられる(表2・1)．すなわち分類尺度（名義尺度），順序尺度，間隔尺度と比尺度である．分類尺度は，名義やコードに

表２・１ 尺度水準と検定法

尺度水準	値の性質	検定法	備考
分度尺度	ノンパラメック	ノンパラメックな手法	性比などを扱う場合に用いる
順序尺度			行動を扱う場合に多い
間隔尺度 比尺度	パラメトリック または ノンパラメトリック	パラメトリックな手法 または ノンパラメトリックな手法	多くの数値解析はこの尺度水準に該当

よる定性的な分類で，雌雄の分類，色による分類などがある．順序尺度は，ある量的特性の順序関係によって分類するもので，生物の発育段階，競争の順位などである．間隔尺度と比尺度は，数値が連続変数になることが多く，正しい意味での単位をもつ．間隔尺度は温度や時刻など絶対的な0をもたないのに対し，比尺度は長さや重さのように絶対的な0がある，という違いだけで，本質的な扱い方は変わらない．

1. 魚体長（cm）

	新飼料	旧飼料
	35	25
	40	30
	45	30
	45	35
	50	35
	50	35
	50	40
	55	40
	55	45
	60	55
サンプルサイズ	10	10
平均値	48.5	37.0
分散	55.8	73.3
標準偏差	7.5	8.6
中央値	50	35
最頻値	50	50

2. 魚体長の度数分布表

体長(cm)	新飼料	旧飼料
20		
25		1
30		2
35	1	3
40	1	2
45	2	1
50	3	
55	2	1
60	1	

3. 体長のヒストグラム

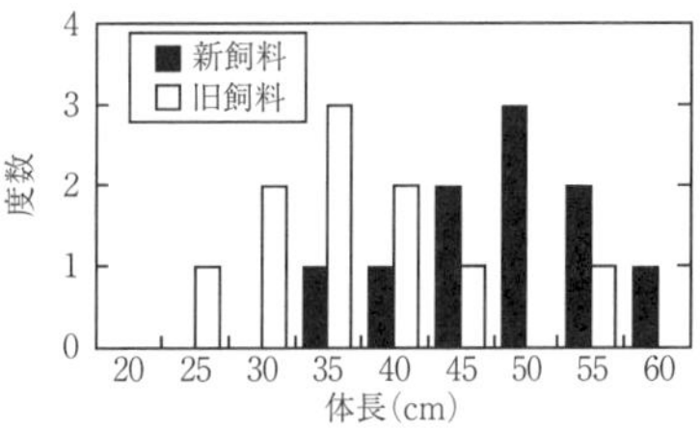

図２・２　基本統計量，度数分布，ヒストグラムの一連の求め方

数値データの尺度水準を理解した上で，次は，データの大まかな性質（分布）を知る必要がある．数値データはばらつきを伴うものであるが，このばらつきの度合いがどのようなものかを把握するということである．1・3節であげた異なる飼料を用いた飼育実験で，図２・２のような結果が得られたとしよう．データがたくさんあるとき，これを表や図にまとめることによってその分布の特長がよくわかる．体長をある階級（ここでは5cmずつに区切った）で分け，各々の階級ごとの頻度（度数）を調べ，度数分布表を作る（図２・２）．また，度数分布表をもとに棒グラフで表したものがヒストグラムとよばれるグラフである．図２・２のヒストグラムをみると，新飼料と旧飼料で飼育した魚の体長にそれぞれ度数の最も多い値があり，この値を頂点とした山なりの分布を示していることがわかるであろう．このような分布をする数値の母集団は正規分布（§3．で説明する）をすると仮定できることが多い．正規分布のようにパラメータを関数として統計量に表せるような数値データは，パラメトリック（parametric）な値とよばれる．一方，統計量がパラメータの関数として表せずに便宜的に順位をつけて表すような値は，ノンパラメトリック（nonparametric）な値とよばれる．パラメトリックかノンパラメトリックな値であるかによって，§3．で述べるように検定の方法が変わってくる（図２・２）．取り扱う数値データの分布が正規分布になるかどうかを調べる方法については，文献[3)]などを

参照されたい.

2・2　数値データをどうやって表すか（基本統計量）

まず，データを度数分布表やヒストグラムで表して，全体の分布の特徴を知ることが必要である．次のプロセスは，データの分布の特長を数量的に表現することである．ここで求めるのが基本統計量である．

図2・2の例をもとに，新飼料と旧飼料で飼育した魚の体長の代表的な特長を表す数値を求めたい．ごく一般的なのは平均値であろう．今，母集団から n 個のデータを取ってきて，1番目から n 番目までのデータが $(x_1, x_2, x_3, \cdots, x_{n-1}, x_n)$ と表されるとき，これらのデータを足しあわせてデータ数（標本数，サンプルサイズ）で割った値が次式で示される平均値（average, mean）であり，データの分布の重心を表す．

$$\text{平均値} = \bar{x} = \frac{\sum_{i=1}^{n} x_i}{n}$$

なお，序章の §2. に既に述べられているように，母集団全体の真の平均値を μ とし，標本の平均値 $\bar{x}$ とは区別する．

平均値はデータの代表値の1つであるが，その分布の特長までは表せない．そこで，データのばらつきの指標が必要になる．いま，i 番目のデータ x_i が平均値とどのくらい隔たっているかを示すためには単純に平均値との差をとってやればよい．この値を偏差とよび，次式で表される．

$$\text{偏差} = d_i = x_i - \bar{x}$$

個々のデータについて偏差をとり，平均的にどのくらい隔たっているかを示せばよいが，偏差は正と負の値をとり，そのまま合計しては0になってしまう．そこで次式のように偏差をいったん2乗して平均をとる．これを標本分散とよぶ．

$$\text{分散（標本分散）} = s^2 = \frac{\sum_{i=1}^{n} d_i^2}{n} = \frac{\sum_{i=1}^{n} (x_i - \bar{x})^2}{n}$$

標本分散は，実際の値から2乗して求めたものであるから，もとの単位とは異なる単位になってしまう．そこで，標本分散の平方根をとって標準偏差として表す．

$$\text{標準偏差（標本標準偏差）} = s = \sqrt{\frac{\sum_{i=1}^{n} d_i^2}{n}} = \sqrt{\frac{\sum_{i=1}^{n} (x_i - \bar{x})^2}{n}}$$

標準偏差は個々のデータが平均値から平均的にどの程度隔たっているかを表すばらつきの尺度としてよく用いられる．ばらつきの大きいデータは標準偏差が大きくなる．正規分布が仮定できるとき，平均値±標準偏差の間には68.3%のデータが，平均値±2×標準偏差の間には95.5%のデータがそれぞれ含まれる．

標準偏差は個々のデータのばらつきを示すが，もう1つデータのばらつきを表す尺度として，標本より得られた平均値が母集団の平均値からどの程度ばらついているかを示す標準誤差というものがあり，

標準誤差＝$\frac{\text{標準偏差}}{\sqrt{n}}$で表される．

標本数が十分でないときは，分散と標準偏差の求め方は少し異なってきて，分母がnではなく自由度の$n-1$になる．自由度$n-1$で求めた分散

($\frac{\sum_{i=1}^{n}(x_i-\bar{x})^2}{n-1}$)を不偏分散とよぶ．一般的には分散には不偏分散を用いることが多い．自由度とはばらつきの計算に有効なデータ数のことである．例えば，標準偏差は偏差に基づいて計算しているが，n個のデータの偏差のうち，$n-1$個の偏差を計算すると，n個目の偏差は平均値から自動的に求めることができる（平均値は全ての値を使って計算しているため）．したがって，標準偏差の計算の過程で平均を決めるのにデータ1個分の情報が使われ，残り$n-1$個のデータが標準偏差の大きさの予測に実際上貢献したといえる．このとき「標準偏差の計算におけるデータの自由度は$n-1$である」という．

データの代表的な特長を表す値には，平均値のほかに，度数分布で最も頻度の多かった階級の数である最頻値（mode），データを大きさの順に並べて真ん中に位置する値（真ん中の値が2つある時にはそれらの平均）をとる中央値（median）がある．正規分布する値では，平均値＝最頻値＝中央値となる．

§3. 数値の大小をどうやって比較するのか

これまでやってきた準備をもとに，実際に値の大小を統計学的に比較してみよう．その例題としてここまでにもあげてきた図2・2の例を使って「新飼料は旧飼料よりも魚の成長がよい」という作業仮説を統計学的仮説検定によって調べる．3・1節ではノンパラメトリック検定を，3・2節ではパラメトリック検定をそれぞれ適用する．

3・1　Mann-WhitneyのU検定（Mann-Whitney U-test）：ノンパラメトリック検定

Mann-WhitneyのU検定はU検定ともよばれ，2つのグループ（2群）の比較に用いられるノンパラメトリック検定である．先に，ここで用いる例となっている数値がパラメトリックな値であると述べたが，ノンパラメトリック検定はパラメトリックな値にも適用できる（逆はできない）．

帰無仮説は「新飼料と旧飼料で飼育した魚の体長に差がない」であり，対立仮説は「新飼料と旧飼料で飼育した魚の体長に差がある」となる．

まず，図2・3のように各々の群（ここでは飼料）のデータを一括して並べて順番をつける．順番は大きい方からでも小さい方からでもどちらかからつければよい．同一順位が出現した場合には，そ

1. 小さい順に順位をつけた

飼料	体長(cm)	順位
旧	25	1
旧	30	2.5
旧	30	2.5
新	35	5.5
旧	35	5.5
旧	35	5.5
旧	35	5.5
新	40	9
旧	40	9
旧	40	9
新	45	12
新	45	12
旧	45	12
新	50	15
新	50	15
新	50	15
新	55	18
新	55	18
旧	55	18
新	60	20

2. 餌ごとに並べ替えた

飼料	体長(cm)	順位
旧	25	1
旧	30	2.5
旧	30	2.5
旧	35	5.5
旧	35	5.5
旧	35	5.5
旧	40	9
旧	40	9
旧	45	12
旧	55	18
新	35	5.5
新	40	9
新	45	12
新	45	12
新	50	15
新	50	15
新	50	15
新	55	18
新	55	18
新	60	20

3. 対戦表

		旧飼料で飼育した魚の体長の順位									
		1.0	2.5	2.5	5.5	5.5	5.5	9.0	9.0	12.0	18.0
新飼料の順位	5.5	○	○	○	▲	▲	▲	×	×	×	×
	9	○	○	○	○	○	○	▲	▲	×	×
	12	○	○	○	○	○	○	○	○	▲	×
	12	○	○	○	○	○	○	○	○	▲	×
	15	○	○	○	○	○	○	○	○	○	×
	15	○	○	○	○	○	○	○	○	○	×
	15	○	○	○	○	○	○	○	○	○	×
	18	○	○	○	○	○	○	○	○	○	▲
	18	○	○	○	○	○	○	○	○	○	▲
	20	○	○	○	○	○	○	○	○	○	○

○=80　▲=9　×=11

「新飼料＞旧飼料」の場合の数=80+(0.5×9)=84.5
「新飼料＜旧飼料」の場合の数=11+(0.5×9)=15.5

小さい方の値を統計量Uとするので，U=15.5

図2・3 Mann−WhitneyのU検定で統計量Uを求めるプロセス

の平均の順位を与える．そして，順位をつけたデータを2群に再度分けて（図2・3)，2群を対戦させる（図2・3)．勝った方と負けた方の数をそれぞれ足しあわせ，引き分けは勝ち負けの双方に0.5を割り振る．ここで出てきた勝ちまたは負けの数のうち小さい方の値が統計量Uで，この例では15.5である（小さい方の値をとるのであるから，順位の付け方が大きい方からでも小さい方からでもよいのである)．統計学の教科書にはUの求め方の公式があるのだが，あえてもっとも基本的なやり方で求めてみた．

この統計量Uのそれぞれの値はどのくらいの確率で起こるのであろうか？　データ数は新飼料と旧飼料をあわせて合計20個であり，これを10個ずつに割りふった．各々の値に順位がついているとして，総計20個のデータから10個とる組み合わせは

$${}_{20}C_{10}=\frac{20\,!}{10\,!\times(20-10)\,!}=184{,}756$$ 通りもあり，

このうち$U \leqq 15.5$となるような組み合わせが何通りあるかを調べれば，求めた統計量の起こる確率がわかる．理屈そのものはシンプルだが，特定の組み合わせの場合の数を全て調べるというのは非常に時間がかかることはわかってもらえるだろう．実際は，標本数ごとにUの起こる確率が既に計算されており，検定表としてまとめられている．Uの検定表は統計学と名のつく教科書には必ず出ており，インターネットでも調べられる．この例の場合の2群はそれぞれ10個のデータからなる組み合わせであったが，検定表を見ると，U=23の起こる確率が5%未満，U=16となる確率が1%未満であった．したがって，求めたU=15.5という値の起こる確率は1%未満である．有意水準を5%とした場合，帰無仮説が棄却されることになる．

帰無仮説が棄却されたので，対立仮説が支持されて，2群の体長に差があると判断される．2つのグループが違う値であるということは，どちらかが大きくてどちらかが小さいということになる．この例の場合，順位を値の小さい順につけていたが，順位が低い（＝値が大きい）群は新飼料の方であっ

た．したがって，新飼料を与えた魚の体長の方が大きく，作業仮説が支持されるという検定結果が得られた．このときに新飼料の体長の平均値が大きいから，というのは理由にできない．Uを求める過程で値の大きさが順番に置き換わったから，値の相対的な大きさは見ることができても絶対値では評価ができないのである．もし評価するのであれば中央値の大小で比較するべきである．

3・2　Studentのt検定（Student's t－test）：パラメトリック検定

2群の値を比較するパラメトリックな検定法がStudentのt検定で，しばしばt検定とよばれる．帰無仮説はU検定とほぼ同じで「新飼料と旧飼料で飼育した魚の体長の平均値に差がない」であり，対立仮説は「新飼料と旧飼料で飼育した魚の体長の平均値に差がある」となる．

次に統計量tを求めるのであるが，ここで具体例を計算する前に，参考のために一般化しておく．t検定では2群のそれぞれの基本統計量（標本数，平均値，分散）が必要である．U検定では値の大きさが順位に置き換えられたために平均値を比較することが無意味になるが，t検定ではデータに含まれる全ての情報を用いている．2群について第1群（標本数n_1，平均値$\bar{x}_1$，分散s_1^2）と第2群（n_2，$\bar{x}_2$，分散s_2^2）のそれぞれの基本統計量がわかっているとする．このとき2群の平均値の差（$\bar{x}_1-\bar{x}_2$）に2群の差が要約されていると考える．2群が同じ母集団に属するのであれば，この値は0に近くなるはずである．これを統計量tによって標準化する．ただし，

$$t=\frac{\bar{x}_1-\bar{x}_2}{\sqrt{\dfrac{s_1^2(n_1-1)+s_2^2(n_2-1)}{n_1+n_2-2}}\sqrt{\dfrac{1}{n_1}+\dfrac{1}{n_2}}}$$

で，分母の部分は2群の値を全て1つにまとめたときの標準偏差で，これを用いて$\bar{x}_1-\bar{x}_2$の分布を求めている．自由度n_1+n_2-2のもとでt値の起こる確率をt分布表（統計学の教科書に必ず出ている）で調べるとその生じる確率が求まる．この例の場合は，自由度18で$t=3.2$となり，検定表を調べると，その起こる確率は0.5%未満と非常に低い確率であった．今，有意水準を5%とすると，帰無仮説は棄却され，新飼料と旧飼料で飼育した魚の体長に差がある．このうち，新飼料で飼育した魚の方が体長の平均値が大きいので，作業仮説が支持されるという検定結果が得られた．

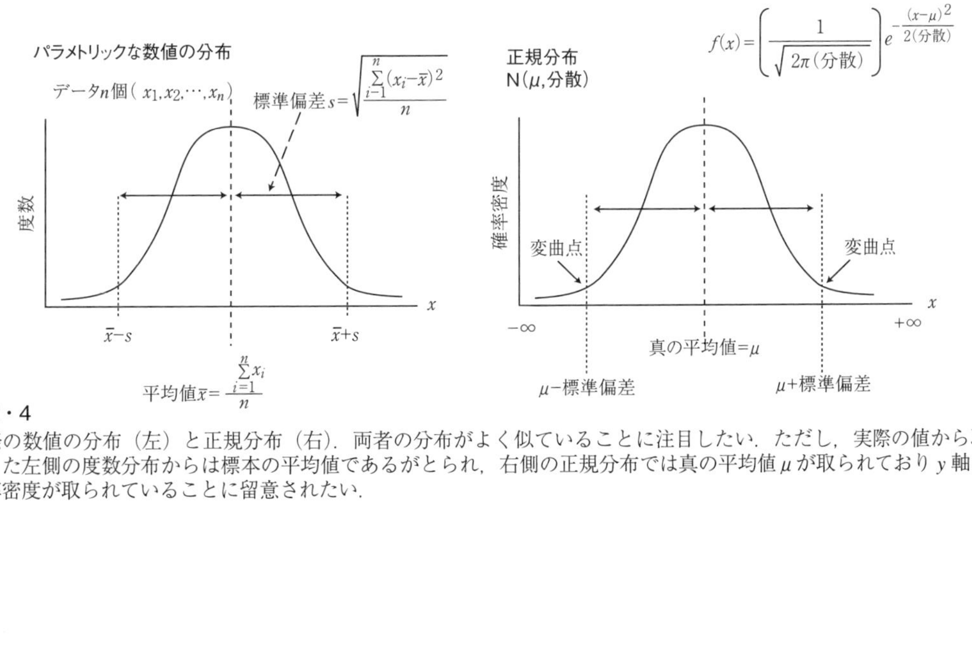

図2・4
実際の数値の分布（左）と正規分布（右）．両者の分布がよく似ていることに注目したい．ただし，実際の値から取ってきた左側の度数分布からは標本の平均値であるがとられ，右側の正規分布では真の平均値μが取られておりy軸には確率密度が取られていることに留意されたい．

このように，ノンパラメトリックな手法でもパラメトリックな手法でも検定ができた．U 検定の場合，統計量の起こる確率は組み合わせの数から求めることができた．t 検定ではどうやって統計量 t の起こる確率が求められているのだろう？　この説明に，§1．で少し触れた確率密度関数が必要になる．そもそも正規分布とは，図2・4に示されるように，パラメトリックな分布を示すヒストグラムと似た曲線を描く確率密度関数である．ただし，ヒストグラムに使われた値は確率密度ではないため，これらの値を確率密度関数に近似してやる必要がある．この近似を保証するのが中心極限定理で，「母集団がどんな分布をしていても，そこからランダムサンプリングした標本数 n のデータの平均値の分布は，n を大きくすれば正規分布に近づく」と定義される．この定理のおかげで，パラメトリックな数値データを確率密度関数に置き換え，求めた統計量の起こる確率を調べることが可能になっている．ちなみに統計量 t は正規分布から導き出される確率分布関数である t 分布に従う．

3・3　3群以上の値の比較はどうするか？

ここまでは2群の比較をしてきたが，3つ以上の群がある場合（多群）はどのように考えるかを説明する．図2・5のように，今度は A～C の3種類の飼料で飼育実験をした．A 対 B，B 対 C，C 対 A のようにして飼料の組み合わせごとに t 検定をしたところ，いずれも危険率5%で有意差があると判定された．3つとも有意差があるから，$A < B < C$ と結論づけていいかというと，これは間違いである．図2・1のところでも説明をしたように，危険率5%で有意差があるということは，本当は差がないのに差があると間違ってしまう可能性が5%あるということである．そうすると，図2・5の場合は，合計3回の検定をしているから大雑把にいうと $1-(1-0.05)^3 \fallingdotseq 0.05 \times 3 = 0.15$，つまり15%の確率で帰無仮説が正しくても有意と判定する誤りが出ることになり，大変ゆるい基準で検定をしたことになってしまう．

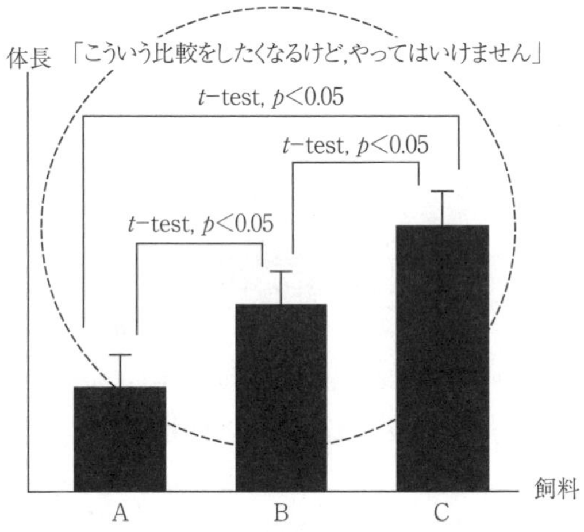

図2・5
多群（3群以上）の比較の考え方．2群の比較（t検定）を繰り返すと一つ一つのグループの間では有意差はあっても，A<B<Cと結論づけようとすると有意水準が0.05 × 3と高くなってしまう．

そこで，多群の比較に用いられるのが分散分析である．分散分析の帰無仮説は全ての群の母集団（母平均・母分散）が同じであり，対立仮説は全て同じではなく（どれか1群でも）差がある，ということになる．もし，母集団が等しければ，実験区の全てデータをまとめた分散と，実験区ごとの分散をあわせたものは，ほぼ等しい値になる，というのが基本的な考え方である．今，k 群の実験区があって，それぞれ r 個体で実験をしたとしよう．そして，$\bar{x}_1$ が i 番目の処理の平均で，$\bar{\bar{x}}$ は全ての個体（$k \times r$）の平均とすると，

$$実験区間の分散 = S_A^2 = \frac{r \times \sum_{i=1}^{k} (\bar{x}_i - \bar{\bar{x}})^2}{k-1}$$

$$実験区内の分散の合計 = S_B^2 = \frac{\sum_{i=1}^{k} \left\{ \sum_{j=1}^{r} (x_{ij} - \bar{x}_i)^2 \right\}}{k(r-1)}$$

となり，統計量 $F = \frac{S_A^2}{S_B^2}$ がとれる．帰無仮説が正しければ F の値は 1 に近くなるはずであり，実験区によって母集団が異なるのであれば F の値は大きくなる．この統計量 F の起こる確率を F 検定表で調べて…，というプロセスになる．このあたりの詳しい計算を序章の §2. に詳しく述べているので，実際に自分で解いてみると理解が深まる．

分散分析で有意差が検出されてはじめて個別の群の値の大きさを比較する多重比較をすることができる．多重比較の方法にもパラメトリックとノンパラメトリック双方の手法があるが，詳細については成書[6)]を参照されたい．

§4. 比率の検定

比率（割合）というのは，我々がよく使う数値データの 1 つである．まず，割合について注意しなければならないことは，もととなる母数である．例えば，アンケート調査で，ある政党の支持率が 50%と出たという．このアンケートが，2 人に聞いて 1 人が支持したという場合と，1,000 人に聞いて 500 人が支持したという場合では，同じ割合であってもデータの信用度が全く異なることがわかるであろう．つまり，割合でデータを示す場合には必ず母数も示さなければならない．割合が統計学的に違うかどうかは，見方を変えれば観察した事象の頻度に偏りがあるかどうか，を調べることである．このような比率の検定である χ（カイ）二乗検定について説明する．

ある会社で製品の価格改定をして販売を始めたが，このときに 50 名にアンケートを実施したところ，価格改定前の値段が高いと思う人が 40%（20 人）であったのに対し，改定後の値段が高いと思

表２・２ カイ二乗分布で使われる分割表

アンケートの集計表

	価格 改定前	価格 改定後
高い	20	35
安い	30	15

2×2分割表

カテゴリ	B1	B2	計
A1	a	b	R1 $=a+b$
A2	c	d	R2 $=c+d$
計	C1 $=a+c$	C2 $=b+d$	$a+b+c+d$

う人は70％（35人）いた．この結果から，改定価格を高いと思う人が増えたかどうかを検定してみよう．まず，表2・2のように，割合ではなく度数（人数）で結果を表す（分割表）．帰無仮説は価格改定前と改定後でのアンケートの回答に偏りがない（同じ答え方をしている）ことであり，対立仮説はアンケートの回答に偏りがあること（価格改定前＞改定後，または価格改定前＜改定後）である．

実際にアンケートで求めた度数（観察度数）があるが，帰無仮説のもとではこれを予想する期待度数を求めることができる（表2・2）．表2・2にしたがって，今回のような分割表であれば，

$$a\text{の期待度数}\,E_a = \frac{C_1 \times R_1}{a+b+c+d}, \quad b\text{の期待度数}\,E_b = \frac{C_2 \times R_1}{a+b+c+d}$$

$$c\text{の期待度数}\,E_c = \frac{C_1 \times R_2}{a+b+c+d}, \quad d\text{の期待度数}\,E_d = \frac{C_2 \times R_2}{a+b+c+d}$$

と求めることができる．$a \sim d$の度数の配置に偏りがなければ，観察度数と期待度数の偏りの指標

$\left(= \frac{(\text{観察度数}-\text{期待度数})^2}{\text{期待度数}}\right)$ は0に近い数値をとるはずである．これを，全ての度数について合計したものが統計量カイ二乗値（χ^2）で，表2・2の場合であれば

$$\chi^2 = \frac{(a-E_a)^2}{E_a} + \frac{(b-E_b)^2}{E_b} + \frac{(c-E_c)^2}{E_c} + \frac{(d-E_d)^2}{E_d}$$

と表すことができる．$l \times m$分割表で得られるχ^2値は，自由度$df=(l-1)\times(m-1)$のカイ二乗分布に従う．カイ二乗分布もまた確率密度関数の正規分布から導き出される分布の1つである．本節の例の場合であれば，χ^2=9.091となり，自由度は1である．カイ二乗分布表（統計学の教科書に必ず出ている）をみると，自由度1ではχ^2=3.841のときの確率が5％未満，χ^2=6.635のときの確率が1％未満である．有意水準を1％にとったとしても，この例の場合のχ^2値の起こる確率は非常に低く，帰無仮説を棄却するべきである．したがって，表2・2の分割表の度数には偏りがある，すなわち割合が異なっているということが示された．この場合は価格改定前と改訂後の価格という2群の比較に相当するので，割合の大小を単純に比較することが可能で，被験者は改定価格を高いと思っていることが示された．

§5．回帰と相関

ここまで扱ってきた数値データは，あるグループに属していて，それらの大きさを較べてきた．本節では，同時に変化する2つの変量xとyの関係を調べる．

5・1　回帰と相関の違い

回帰と相関は似たような数値を扱うこともあり，混同されることがある．回帰とは変数間の関連性を関数を使って定量化するのに対し，相関は変数間の関連性の強さを測る（図2・6）．

回帰に使われる変数は，例えば中和滴定などの実験をして，ある試薬の濃度（x）から目的とする化学物質の量（y）を求めるように，変数間の因果関係が明確であり，x が定まれば y が定まる．このような関係にある x を独立変数，y を従属変数とよぶ．一方，相関は必ずしも因果関係が明らかでなくとも，2 つの数値がどの程度関連づけられるかをみるものである．赤潮プランクトンの密度と海水の塩分に相関が見られたとすれば，少なくとも赤潮の発生の予測に塩分を 1 つの指標として設けることができる．ただし，塩分の変化が赤潮プランクトンの発生に対して影響を与えるかどうかという因果関係をここで示すことはできず，別の実験や調査で明らかにしなければならない．

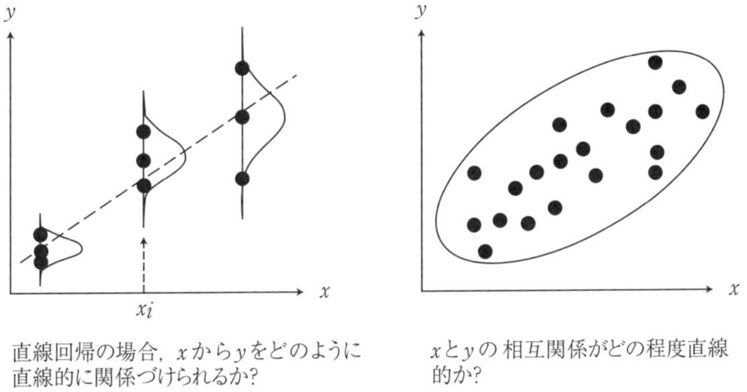
y
x
xi
直線回帰の場合，xからyをどのように
直線的に関係づけられるか?
y
x
xとyの 相互関係がどの程度直線
的か?

図２・６ 回帰（左）と相関（右）の概念図

5・2　直線回帰

2 変量の関係を分析するために関数を当てはめるが，例えば図２・７のように 3 つの点座標があるときに，この 3 点の近傍を通るような直線や曲線はいかようにも引くことができる．このうち，統計学的に最も確からしいものを選んでいくのが回帰分析といってもよい．回帰には様々な関数が当てはめられるが，ここでは最も単純でかつよく用いられる直線回帰（一次回帰）に代表させて説明する．

独立変数を x，従属変数を y として，i 番目のデータ点の座標を（x_i, y_i），回帰直線の式を $y=bx+a$ とする．このとき，最小二乗法（least squares method）の原理によって，$\{y_1-(bx_i+a)\}$ の二乗をすべてのデータ点について合計したもの（残差平方和）を最小にする直線である．回帰直線の検定の帰無仮説は，母集団における直線の傾きすなわち b の母集団における値が 0 であることである．回帰直線の傾きと y 切片は次の公式によって求められる．

$$\text{傾き } b=\frac{n\times\sum_{i=1}^{n}x_i y_i-\sum_{i=1}^{n}x_i\times\sum_{i=1}^{n}y_i}{n\times\sum_{i=1}^{n}x_i^2-(\sum_{i=1}^{n}x_i)^2}\qquad y\text{ 切片 } a=\frac{1}{n}(\sum_{i=1}^{n}y_i-b\sum_{i=1}^{n}x_i)$$

と，教科書にはさらりと書かれていることがあるが，実際に最小二乗法をやってみると，その考えや成り立ちがよく理解できるので，あえて紙面を割いて例題として解いてみよう．記号が多いので難

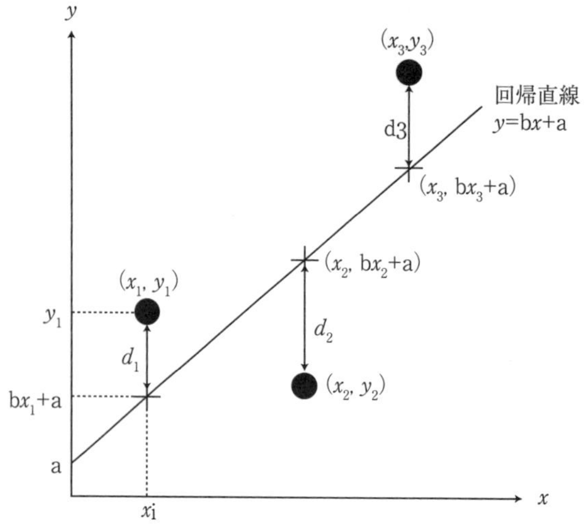

図2・7　一次回帰を求める概念図

しいように見えるが，実際は偏微分さえできれば連立一次方程式を解くだけになる．

今，図2・7のように3点（x_1, y_1），（x_2, y_2），（x_3, y_3）があって，その一次回帰式 $y=bx+a$ を求める．

まず，残差 d を各点で求めると

$$d_1=y_1-(bx_1+a)=y_1-bx_1-a,\quad d_2=y_2-bx_2-a,\quad d_3=y_3-bx_3-a$$

で，次に残差平方和 S を求める

$$\begin{aligned} S &= d_1^2+d_2^2+d_3^2 \\ &=(y_1-bx_1-a)^2+(y_2-bx_2-a)^2+(y_3-bx_3-a)^2 \\ &=(y_1^2+b^2x_1^2+a^2-2ay_1-2bx_1y_1+2bax_1)+(y_2^2+b^2x_2^2+a^2-2ay_2-2bx_2y_2+2bax_2) \\ &\qquad +(y_3^2+b^2x_3^2+a^2-2ay_3-2bx_3y_3+2bax_3) \\ &=(y_1^2+y_2^2+y_3^2)+(x_1^2+x_2^2+x_3^2)b^2+3a^2-2(y_1+y_2+y_3)a \\ &\qquad -2(x_1y_1+x_2y_2+x_3y_3)b+2(x_1+x_2+x_3)ba \end{aligned}$$

ここで，

$$A=(y_1^2+y_2^2+y_3^2)=S_{yy}=\sum_{i=1}^{n}y_i^2$$

$$B=(x_1^2+x_2^2+x_3^2)=S_{xx}=\sum_{i=1}^{n}x_i^2$$

$$C=(y_1+y_2+y_3)=S_y=\sum_{i=1}^{n}y_i$$

$$D=(x_1y_1+x_2y_2+x_3y_3)=S_{xy}=\sum_{i=1}^{n}x_iy_i$$

$$E = (x_1 + x_2 + x_3) = S_x = \sum_{i=1}^{n} x_i$$

と置いてみると

$$S(a, b) = A + Bb^2 + 3a^2 - 2Ca - 2Db + 2Eba$$

となって，S は a と b を変数とする関数とみなすことができる（x と y は測定データ，すなわち実際の数値であることを念頭に置こう．A〜E は計算可能な数値である）．

a（回帰式の y 切片）を固定すると，S は b の二次関数になるので，最小値 b_0 が存在する．

$$S(b) = 3a^2 - (2C - 2Eb)\,a + (A + Bb^2 - 2Db) \qquad \text{式 2・1}$$

逆に，b（回帰式の傾き）を固定すると，S は a の二次関数になり，最小となる a_0 が存在する．

$$S(a) = 3a^2 - (2C - 2Eb)\,a + (A + Bb^2 - 2Db) \qquad \text{式 2・2}$$

最小値を求めるために，式2・1と式2・2をそれぞれの変数で偏微分する（第1章を参照のこと）．

$$\frac{\partial S}{\partial b} = 2Bb - 2D + 2Ea = 0$$

$$\frac{\partial S}{\partial b} = 3 \times 2a - 2C + 2Eb = 0$$

つまり，

$$Bb - D + Ea = 0 \qquad \text{式 2・3}$$

$$Eb - C + 3a = 0 \qquad \text{式 2・4}$$

の連立一次方程式を解けばよい

b については式2・3に3を，式2・4に E をかけてやって，

$$b = \frac{3D - CE}{3B - E^2} = \frac{n \times \sum_{i=1}^{n} x_i y_i - \sum_{i=1}^{n} x_i \times \sum_{i=1}^{n} y_i}{n \times \sum_{i=1}^{n} x_i^2 - (\sum_{i=1}^{n} x_i)^2}$$

a については式2・3に E を，式2・4に B をかけてやれば，

$$a = \frac{BC - DE}{3B - E^2} = \frac{\sum_{i=1}^{n} x_i^2 \times \sum_{i=1}^{n} y_i - \sum_{i=1}^{n} x_i y_i \times \sum_{i=1}^{n} x_i}{n \times \sum_{i=1}^{n} x_i^2 - (\sum_{i=1}^{n} x_i)^2} = \frac{1}{n}(\sum_{i=1}^{n} y_i - b\sum_{i=1}^{n} x_i)$$

と，解くことができた．

最終的に，求めた回帰式が統計的に有意であるかどうかを調べる．詳しくは成書[1)] で学んでもらわなければならないが，帰無仮説を，回帰直線の傾き $b = 0$，対立仮説を $b \neq 0$（傾きがある）として，

bの標準誤差 $S_b = \dfrac{\sqrt{\dfrac{\sum_{i=1}^{n}(y_i-\bar{y})^2 - b\times\sum_{i=1}^{n}(x_i-\bar{x})(y_i-\bar{y})}{n-2}}}{\sqrt{\sum_{i=1}^{n}(x_i-\bar{x})^2}}$ を求め，標本から求めたbの有意性を定

する．bの偏りの度合いを求めるため，$t=\frac{d}{S_b}$を算出し，この統計量tが自由度$n-2$のt分布に従うことを利用して，tの生じる確率をt分布表で調べて評価する．

5・3　相　関

相関では，2変量xとyの直線関係の強さを見る指標である相関係数r（Pearson's Correlation Coefficient）を求めることになる．図2・7右側に示したようなn個の点（x_i, y_i ; $i=1\sim n$）では，xが増えるとyも増えるような正の相関が見られそうである．これを数値化するときに，図2・8のようにxとyの各々の平均値が座標の原点になるように偏差で点を配置してみると各々の座標は（$x_i-\bar{x}$, $y_i-\bar{y}$）となる．偏差積$(x_i-\bar{x})\times(y_i-\bar{y})$を全ての点について求めて合計し偏差積和$\sum_{i=1}^{n}(x_i-\bar{x})(y_i-\bar{y})$をとると，2変数が正の相関を示すようであれば，点は第1象現と第3象現に分布が集中して偏差積和は正の値をとる．偏差積和を標本数で割った値は共分散とよばれる．この共分散をx，yそれぞれの標準偏差でわって標準化したのが相関係数rで，

$$r=\frac{\frac{1}{n}\sum_{i=1}^{n}(x_i-\bar{x})(y_i-\bar{y})}{\sqrt{\frac{1}{n}\sum_{i=1}^{n}(x_i-\bar{x})^2\times\frac{1}{n}\sum_{i=1}^{n}(y_i-\bar{y})^2}}$$

で求められる．rの取りうる値の範囲は-1から$+1$で，rの絶対値が1に近いほど点が直線的に配列していることになる．rが有意な正の値であれば正の相関，負の値であれば負の相関があることになる．また，$r^2(\leq 0)$は決定係数とよばれる．

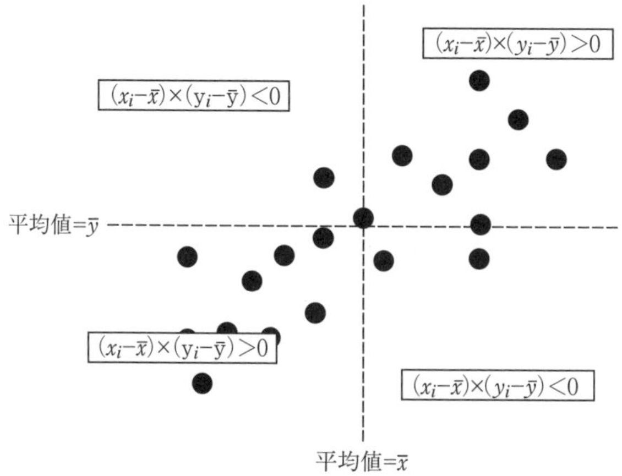

図2・8　回帰係数を求める概念図

最終的に相関係数が統計学的に有意であるかどうかの検定が必要になるが，これは標本数と有意水準に沿って r の検定表で評価することが多い．詳しくは成書[1]を参照されたい．

§6. これからの勉強の進め方

本章で扱った統計学はいわゆる古典的統計学の基礎であるが，統計学はコンピュータの発達とともに日進月歩している．これは，以前は理論として支持されてきたが，実際に計算をする段階で非常に手間と時間がかかって実際的でないという判断で使われてこなかったものがあるためである．つまり，以前は「本当はこっちの検定法を使いたいけれども，仕方なくこっちで代用しましょう」ということが起こっていたのが，今はパソコンレベルでも計算が可能になったということによる．このような最新の統計学[7]については例えば章末にあげた教科書[1-3]を手始めに個別に学んでもらうことになるが，本章で述べたことが，これから君たちが個々に必要となり習得する分野の統計学にも繋がっているということを念頭に置いて欲しい．

（阪倉良孝）

参考文献

1）山田作太郎・北田修一，生物統計学入門，成山堂書店，pp.262, 2004.
2）粕谷英一，生物学を学ぶ人のための統計のはなし～きみにも出せる有意差～，文一総合出版，pp.199, 1998.
3）市原清志・岩本美江子，カラーイメージで学ぶ統計学の基礎，株式会社日本教育研究センター，pp.185, 2006.
4）サイモン シン著，青木薫 訳，フェルマーの最終定理，新潮文庫，pp.495, 1997.
5）サイモン シン著，青木薫 訳，暗号解読（上），新潮文庫，pp.340, 1999.
6）永田靖・吉田道弘，統計的多重比較法の基礎，サイエンティスト社，*pp*.182, 1997.
7）青木繁，*R* による統計解析，オーム社，pp.336, 2009.

第 3 章　力学の基礎

水産学を学ぶ学生諸君にとって，物理はどうもつきあいにくい相手のようです．大学入学までに一度は初歩的な物理学に接する機会はあっても，それを何かに応用することなく（応用するすべを知らないで）過ごしてしまう人がほとんどのようです．皆さんが学ぶ水産学・海洋学の研究を進めていくと，これらの研究分野が学際的で複合的な研究領域であることを痛感するでしょう．つまり，水産や海洋の現場で生じる自然現象のほとんどが，物理を含んだ解析手法，解釈を駆使して研究を進める必要があり，それを怠ると現象の 1 つの断面しか捉えることができません．

近年，学問分野の細分化がますます進んでおり，日々膨張を続けている自らの研究分野についていくこと自体が大変なことであり，ちょっと寄り道をして余分な勉強をしようという余裕もなくなります．こうして物理からますます離れるとともに，縁遠いものになっていくわけです．その結果，水産や海洋の諸現象を説明する物理の言葉をもたないままに，水産学を学ぼうとする人たちが多くなってきたように思います．領域を狭め，専門性を強めるほど，新たな視点，別の観点からの検討が必要となってくることが多いにもかかわらず，物理と早々に訣別し，それでよしとすることは，この新たな視点，別角度からの観点という自分が興味をもつ分野の発展に必須な要素を放棄することになります．

私自身は大学で「物理学基礎」という講義を担当しており，毎週の講義を通じて学生諸君と接していますが，「物理アレルギー」の傾向は年々強まっているように感じます．実は私の専門分野は生物学にありますので，物理学を正面から扱うだけの知識をもっているわけではありません．しかし，物理に対して恐怖心を抱く，あるいは自分とは縁遠い学問分野と認識する学生達の「気分」は理解できます．なぜなら，私自身が元々そういう学生であったからです．むしろ物理学に造詣の深い専門家以外の視点からの教科書を書くことも必要かと思い，本章の執筆のお誘いを受けました．

本章では力学の基礎を取り扱います．中学・高校レベルの力学の基本的な概念を主に微分積分を用いて解説してあります．高校で物理を学習していない大学生を対象に自習書として利用できるように心がけて執筆しました．高校で物理が嫌いになった人の多くはこう言います．「公式の暗記ばかりで式の意味が分からない」．それは実は正論です．力学の基礎法則を体系化したのはかの有名なアイザック・ニュートン（1642－1727）ですが，彼はまた運動の法則を定式化する過程で微積分を作り上げました．つまり微積分を使わないで力学を学ぶなら，公式の多くは，導出の過程を省略することになります（実際，高校の物理の教科書は導出の過程がほとんど省略されています）．よって，本章では，力学の基礎法則を学ぶ過程でなるべく微積分を使い，公式の導入を行うことにしました．また，数学が得意でない人のために，式変形はなるべく丁寧に記述したつもりです．

本章で取り扱うのは力学です．物理を勉強した人とそうでない人の決定的な違いは，エネルギーや運動量の概念の修得にあるといっても過言ではありません．水産学や海洋学は自然を相手にする場面が少なくありませんが，エネルギーや運動量の概念をもっていれば，理解の度合いがぐっと深くなります．そして，物理は「役立つ」ものだと感じることでしょう．

§1. 位置・速度・加速度：運動と微分積分

1・1　物体の運動の表し方

力学で最も注目されるのは物体の運動の状態である．では，運動の状態を表すためには何が必要だろうか．力学では，物体の運動を，位置・速度・加速度という３つの量で表す．なぜ，それらの３つの量で表すのだろうか？　本節では，位置・速度・加速度の間にどのような関係があるかをまず確認してみる．

あなたは今，マラソンレースをテレビ中継で見ているとしよう（図 3・1）．レースの先頭を走るランナーは給水地点でトラブルとなった．この様子を，どのように実況すると，視聴者にうまく伝わるだろうか．次のような例を考えてみた．「(A) 先頭の選手，現在 35 km 地点を通過したところです．速いペースを保ちながらゴールに向けて順調に走っています．(B) おっと，給水に失敗したようです．減速してドリンクを探している様子です．やっとみつかりましたが，大きなタイムロスです．(C) 慌てて一気に加速して先頭集団を追いかけます」．

この実況中継の中には，選手の運動状態を把握するために不可欠な情報が含まれている．

「(A) 35 km 地点を通過」：位置に関する情報が与えられることで，マラソンレースが終盤に差しかかっている具体的なイメージを描くことができる．位置は不可欠な情報なのだ．

「(A) 速いペースを保ちながらゴールに向けて順調に走っています」：選手が移動するのが速いのか遅いのか，さらに移動する方向を表すのが速度である．

「(B) 減速しました」「(C) 一気に加速して」：速度の変化の様子を量的に表すのが加速度だ．これも運動の状態を表すのに不可欠な情報と言える．

以上のように，運動の時々刻々の状態を表すためには，位置と速度と加速度が必要である．しかし，刻一刻と変化する運動の状態を言葉だけで伝えるのはなかなか難しい．そこで，運動の状態を一目で理解するには，グラフを用いるとよい．マラソンランナーの速度がどのように変化したかを表すと下の図 3・2 のようになる．グラフからは，時々刻々と運動が変化するのがよく理解できる．このグラフは，$v-t$ グラフとよばれ，y 軸の v は速度，x 軸の t は時刻を表し，速度の時刻変化を表している．

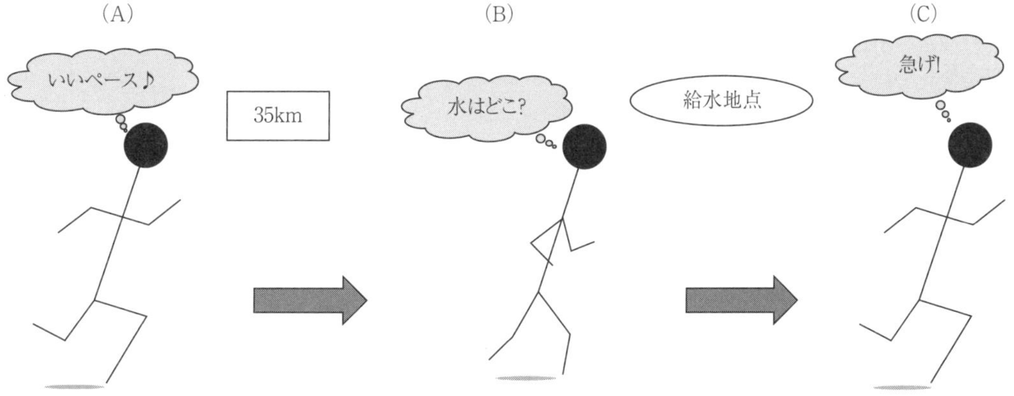

図 3・1

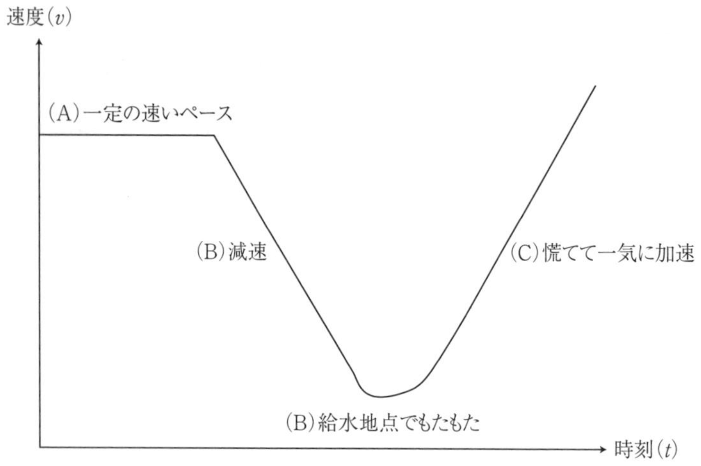

図3・2

1・2　位置・変位

マラソンの実況中継では，運動の様子を「日本語」という言葉で表すが，物理では「数式」という言葉で記述する．自然現象の原理を理解するには，数式は簡潔にその特徴を表せるので便利である．したがって，位置も，数式に代入できる形，すなわち数値で示す必要がある．そこで便利なのが座標である．座標は，最初に，座標の原点，x 軸，y 軸を定め，「こんな風に座標を決めました」と宣言する．座標を導入すると図3・3のように，時刻 $t = 1$ におけるボールの位置は（2, 1），$t = 3$ における位置は（10, 1）のように数値で表せる．

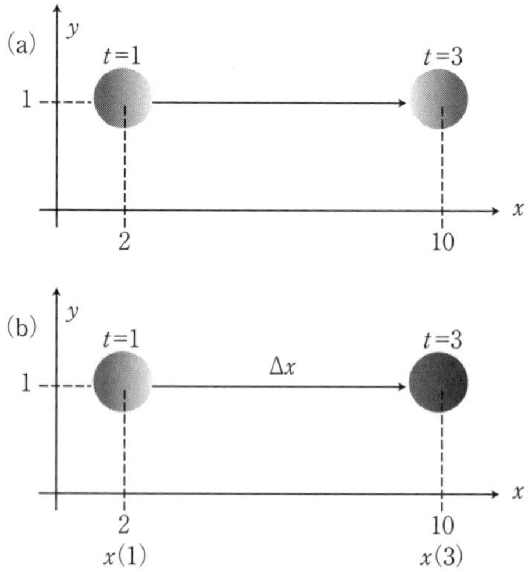

図3・3

次は，変位について説明しよう．先ほどと同じく，図3・3（b）のようにボールが一直線上を運動する場合を考える．図3・3は時刻 $t = 1$ に $x = 2$ にあった物体が，$t = 3$ には $x = 10$ へ移動した様子を表している．これを $x(1) = 2$，$x(3) = 10$ のように経過時刻 t と位置 x を用いて $x(t)$ と表す．このとき，位置の変化分は，

$$\Delta x = x(3) - x(1) = 10 - 2 = 8 \qquad \text{式3・1}$$

となり，これを変位とよぶ．正の方向（図の右向き）に移動している場合は，$\Delta x > 0$，負の方向（図の左向き）に移動している場合には，$\Delta x < 0$ となる．位置の変化を表すベクトルが変位だが，移動後の位置から移動前の位置の引き算で表せる．

1・3　速　度

1）平均の速度

運動する物体の動きの速い遅いは，単位時間あたりに移動する距離で表し，この量を速さとよぶ．

$$(速さ)=\frac{移動距離}{かかった時間} \quad 式3・2$$

この速さの定義において「移動距離」のかわりに「変位」を用いると，次のような速度の定義式になる．

$$(速度)=\frac{変位}{かかった時間} \quad 式3・3$$

移動距離と違い，変位 Δx は負の値をとり得るので，結果として速度も負の値をとり得る．つまり，物体の速さと同時に運動の向きを合わせて表したものを，物理では速度という．次に上の速度の定義を，数式を用いて表してみよう．

ここで，変位は位置 x の変化なので Δx とおく．かかった時間は時刻 t の変化なので Δt とおく．すると速度 v は次のように表せる．

$$v=\frac{\Delta x}{\Delta t} \quad 式3・4$$

先ほどの変位の例をもう一度考えてみる（図3・3）．変位 Δx とかかった時間 Δt をそれぞれ計算すると，

$$\Delta x = x(3) - x(1) = 10 - 2 = 8 \quad 式3・5$$

$$\Delta t = 3 - 1 = 2 \quad 式3・6$$

より，

$$v=\frac{\Delta x}{\Delta t}=\frac{8}{2}=4 \quad 式3・7$$

となる．このように，途中（$t = 1$ から $t = 3$ まで）の速さの変化を考慮しないで，単に，変位をかかった時間で割って求めた速度を，「平均の速度」という．

2）瞬間の速度

今，位置と時刻の間に，$x(t) = t^2 + 1$ の式で表せる関係があるとする．この関係をグラフで示すと次頁図のようになり（図3・4 (a)），1・3節1）で示したやり方で速度 v を求めると，図3・4より，速度 v は $(t, x) = (1, 2), (3, 10)$ の2点を結ぶ直線の傾きとなる．ここで求められる速度は，$1 \leqq t \leqq 3$ という時間の幅における「平均の速度」ということになる．単位時間当たりに移動距離が一定の場合には，$x - t$ グラフの傾きはあらゆる時刻で一定となるため，$x - t$ グラフの直線上のどの2点を取って変位とかかった時間を割り算しても同じ値になる．ところで，先に求めた速度は，$1 \leqq t \leqq 3$ という幅のある時間における平均の速度である．また，$0 \leqq t \leqq 1$ における速度を考えてみると，このときの速度 v は，$(t, x) = (0, 1), (1, 2)$ の2点を結ぶ直線の傾きとなることから，

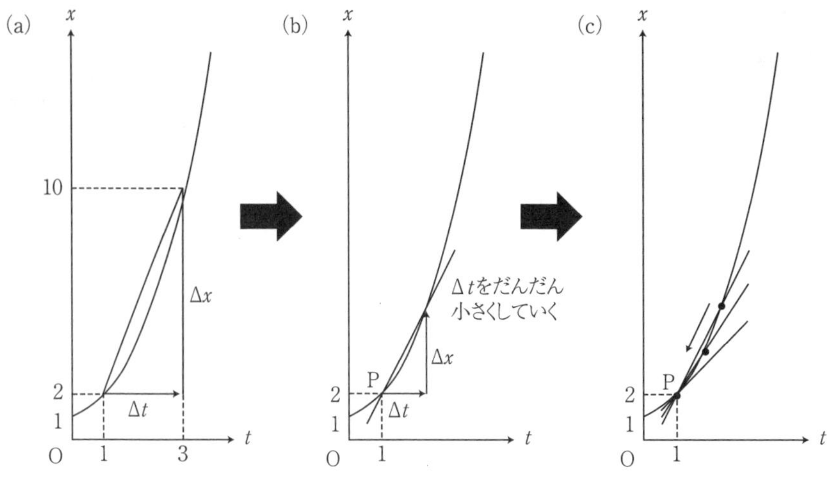

図３・４

$$v=\frac{\Delta x}{\Delta t}=\frac{2}{1}=2$$ 式３・８

となり，速度は時々刻々と変化していることがわかる．

ところで，自動車のスピードメーターの針は，その瞬間ごとの速度の大きさを指示している．ある瞬間の速度はどのように求めればよいだろうか．ここでは，「$x=2$における速度」のような，瞬間の速度を求め方を考えてみよう．まずは，時間の幅Δtを小さくしてみる（図３・４(b)）．

$\Delta t\to 0$とすると，

$$v=\frac{\Delta x}{\Delta t}$$ 式３・９

上の平均の速度を求める式の分母が０（ゼロ）となる．つまり，速度の変化の割合が一定でないとき，平均の速度を求める割り算の式では，ある直線の傾きを求めるだけなので，瞬間の速度を求めることができない．そんなとき，微分の概念を使うと大変便利である．図３・４(b)に示すように式３・９のΔtをどんどん小さくして０に近づけていくことを考える．これを，

$$v=\lim_{\Delta t\to 0}\frac{\Delta x}{\Delta t}$$ 式３・10

と表し，$\lim_{\Delta t\to 0}\frac{\Delta x}{\Delta t}$を微分係数とよぶ．したがって，$\lim_{\Delta t\to 0}\frac{\Delta x}{\Delta t}$は瞬間の速度を表している．式３・10の微分係数は，

$$v=\frac{dx}{dt}$$ 式３・11

と表すこともできる．

Δtを限りなく小さくしていくと，速度を表す直線の傾きは次第にP点における接線の傾きに限りなく近づいていくことがわかる（図３・４(c)）．つまり，瞬間の速度を求めることは，その時刻における$x-t$グラフの接線の傾きを求めることと同じであり，そのためには位置xを時刻tで微分すればよい（微分係数を求めればよい）のである．瞬間の速度vを求めるための表記の仕方は，次に示す

ようにいくつかある．

$$v = \lim_{\Delta t \to 0} \frac{\Delta x}{\Delta t} = \frac{dx}{dt} = x' \qquad \text{式 3・12}$$

x' は x を t で微分することを表している．

1・4　加速度

1）平均の加速度

速度の変化には，急発進するスポーツカーのように急激に速度が増す場合もあれば，電車のように徐々に速度が増す場合もある．また，乗り心地よく運転したいときには，急発信，急ブレーキをさけるのがよいが，これは速度が小さいという意味でなく，速度の変化が小さければ（スピードメーターの針の動きがゆっくりであれば），すべるように動き，快適ということである．このように，物体の速度の変化のしかたを表すのに「単位時間あたりの速度の変化」を用い，これを加速度という．

$$(\text{加速度}) = \frac{\text{速度の変化}}{\text{かかった時間}} \qquad \text{式 3・13}$$

ここで，速度の変化を Δv，かかった時間は時刻 t の変化なので Δt とおくと，

$$a = \frac{\Delta v}{\Delta t} \qquad \text{式 3・14}$$

加速度 a は式 3・14 のように表せる．変位や速度の場合と同じように，加速度も符号をつけて向きを表すことができる．つまり，加速度もベクトル量である．

2）瞬間の加速度

今まで考えてきたのは，速度の時と同様に平均の加速度であった．もちろん加速度が時刻とともに変わる場合，「瞬間の加速度」の考え方が必要となる．これは「平均の速度」と「瞬間の速度」との関係と同じで，瞬間の加速度 a を求めるには，速度 v を時刻 t で微分すればよい．

$$a = \lim_{\Delta t \to 0} \frac{\Delta v}{\Delta t} = \frac{dv}{dt} = v' = x'' \qquad \text{式 3・15}$$

上の式のように表し，$v-t$ グラフの接線の傾きとなる（図 3・5）．式 3・15 の x'' は，変位 x を時刻 t で 2 階微分したという意味である．速度が x' であったから，それをもう一回時刻 t で微分した加速度は，x'' と表せる．

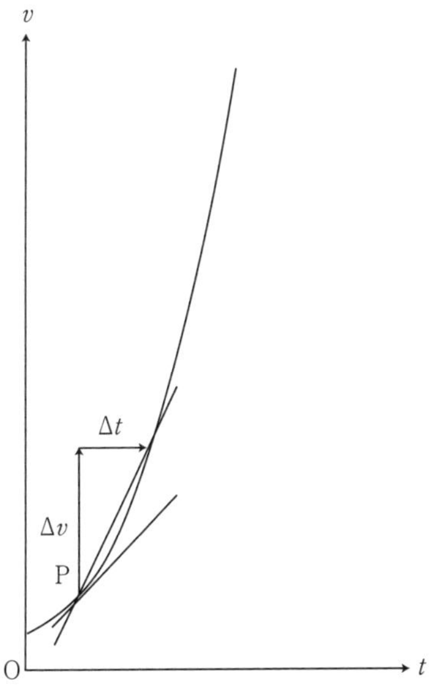

図3・5

1・5　位置・速度・加速度の関係

1）積分で移動距離を求める

今，速さが時刻によって変化せず一定で 2[m/s] になるようにボールを転がしたとすると，速さ v[m/s]を y 軸に，ボールを転がし始めた時刻を原点 O として，時刻 t[s]を x 軸にとって，右の図のようになる（図 3・6）．このとき，ボールが進んだ距離は，次のような簡単な式で表せる．

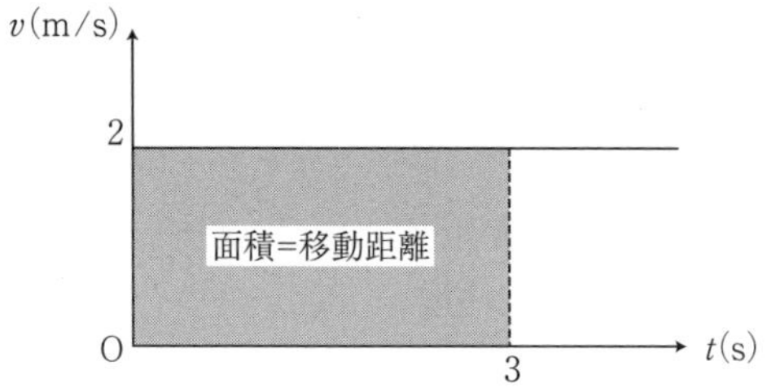

図 3・6

移動距離 = 速さ × 時間　　　式 3・16

例えば，速さ 2[m/s]で，$t = 0$ から $t = 3$ までの 3 秒間に進んだ距離は，

移動距離 = 速さ × 時間 = 2 × 3 = 6(m)　　　式 3・17

のように求めることができる．ここで，移動距離は，上のグラフの■の部分の面積で表されるので，速さが一定なら，面積は長方形となり，タテ × ヨコのかけ算で求めることができる．

次に，速さが刻々と変化する運動の移動距離を求める場合を考えてみる（図 3・7）．例えば，ボールが斜面を転がるときに，速さ v[m/s]と時刻 t[s]の間には，$v(t) = t^2 + 1$ の関係があるとする．今，$t = 0$ から $t = 3$ までの 3 秒間に進んだ距離を，先ほどのように，

移動距離＝速さ × 時間　　　式 3・18

の式から求めようとすると，速さが刻々と変化するので移動距離を単純に計算できない．そこで，平均の速度の計算を，非常に短い時間（限りなくゼロに近い時間）に区切って次々に瞬間の速度を考えてみる（図 3・8(a)）．「この範囲なら一定の速さとみなせる」と思えるくらいまで時間を分割したのが，次頁の右のグラフになる（図 3・8(b)）．$v(t) = t^2 + 1$ の曲線と y 軸，x 軸，そして $t = 3$ で囲まれた面積は，移動距離 x と考えられ，次の式で表せる．

$$\int_0^3 v dt = \int_0^3 (t^2 + 1) dt = x$$　　　式 3・19

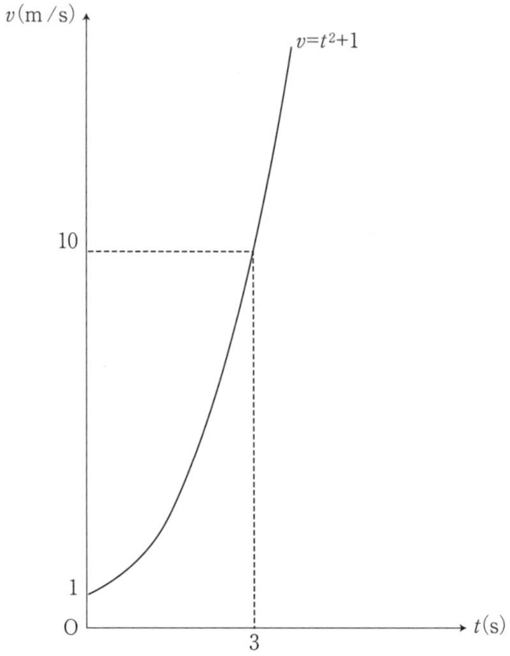

図 3・7

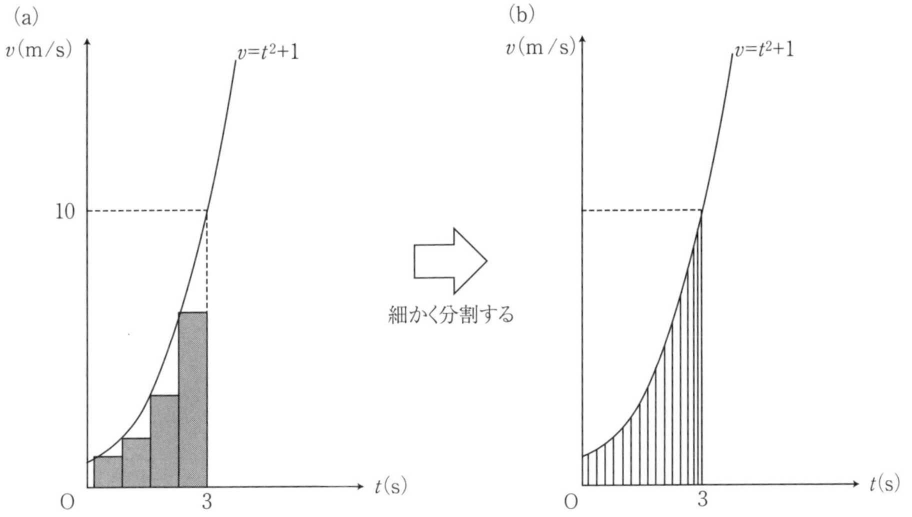

図3・8

つまり，限りなく時間の幅を小さくした線分を集める，すなわち「定積分」することによって，速度が時々刻々と変わる場合にも，移動距離を求められる．

2）位置・速度・加速度と微積分の関係

最後に，運動を表す3つの量，x，v，aの関係を整理してみよう．xをtで微分したものが速度v，それをさらに微分したもの（xをtで2階微分）が加速度aであった．つまり，瞬間の速度は，Δtを限りなく小さくして，ある点における接線の傾きを微分することで求められる．x軸に時刻tをとって，x，v，aとの関係をグラフで表したのが次頁の図になる（図3・9）．

ところで，限りなく時間の幅を小さくした瞬間の速度を集める（すなわち積分する）ことで移動距離が求められたが，積分した値が表す量は，「曲線とt軸，y軸で囲まれた面積」であった．その対応関係も整理してみた（図3・10）．これが運動を表す3つの量の関係となる．

物体の運動は，位置，速度，加速度を用いて表し，$v-t$グラフによってその関係を表すことができる．物体の運動を考える場合に，「いつ（時刻t），どこに（位置x）」を直接与える法則があれば，加速度は考えなくてよいことになる．しかし，後の節で解説するが，ニュートンの発見した運動の法則は，位置ではなく加速度を与える式なのだ．それゆえに力学では加速度が重要な量となる．ここで，加速度が与えられると，積分することによって，速度が求まり，さらに，速度を積分すると最終的に位置が決まるのである．

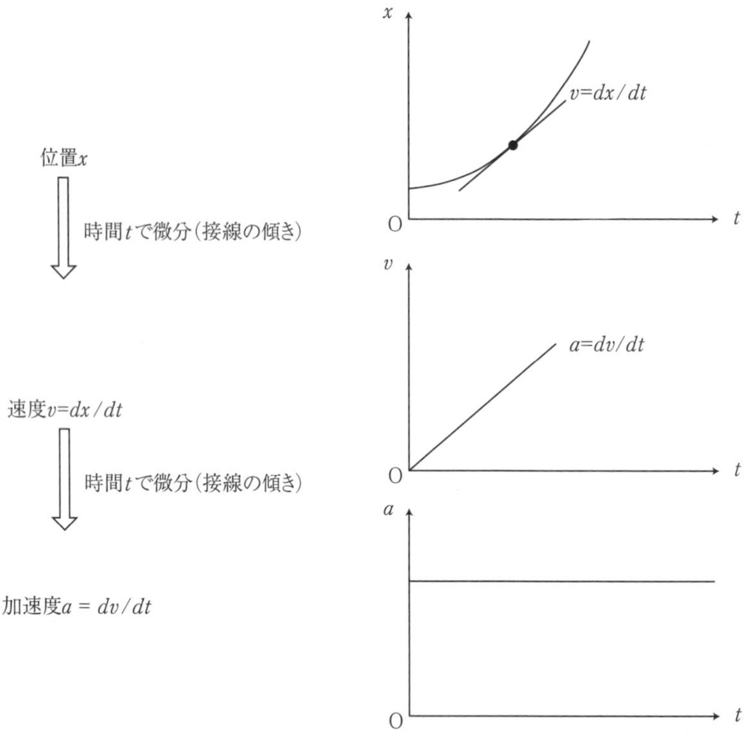
位置x
時間tで微分(接線の傾き)
速度v=dx/dt
時間tで微分(接線の傾き)
加速度a = dv/dt
x
v=dx/dt
O
t
v
a=dv/dt
O
t
a
O
t

図３・９

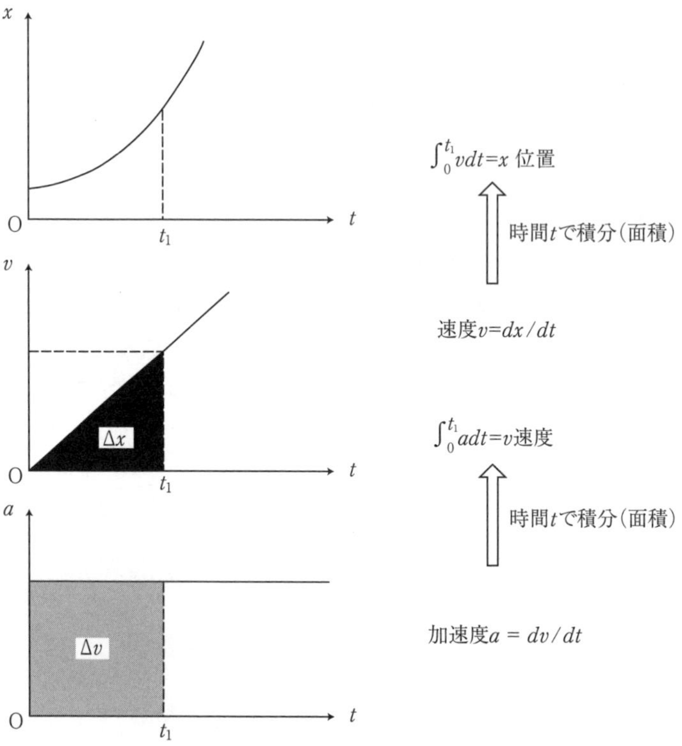
x
O
t
t1
v
Δx
O
t
t1
a
Δv
O
t
t1
∫₀^t1 vdt=x 位置
時間tで積分(面積)
速度v=dx/dt
∫₀^t1 adt=v速度
時間tで積分(面積)
加速度a = dv/dt

図３・10

§2. 力とは？

2・1　力

「力」という言葉は，「忍耐力が足りない」，「語学力がある」，「全力で頑張ります」など，日常様々な意味で使われる．物理，特に力学では，物体に何か作用するとき「力がはたらく」という．作用とは，はたらき及ぼすことであるが，どのような作用が及ぶと「力がはたらく」と言えるのだろうか．

力学では，物体に対して，速度変化や変形を起こすような作用が及ぶと力が働くとみなす．つまり，静止している物体を動き出させたり，一定の速度で運動している物体が加速・減速する場合に，力が働いていると考える．このように，力そのものは目に見えないが，力の作用を受けた物体の運動変化の様子から力の作用を知ることができる．以上のことをまとめると，加速・減速，変形の原因となるものを「力」と定義できる．

2・2　力の表し方

力は大きさと向きをもつベクトル量である．力を図示する場合，図3・11のように，力の作用している方向に矢印を描く．この矢印は，（1）物体のどこに（**力の作用点**），（2）どのくらいの大きさで（**力の大きさ**），（3）どの向きに働いているか（**力の作用線**）を示しており，作用点から力の作用している向きで，大きさに比例した長さを描く．力の働きは，**大きさ・向き・作用点**の3つで決まるので，これらを**力の三要素**とよぶ．また，力の単位は，1[kg・m/s^2]のように表す．

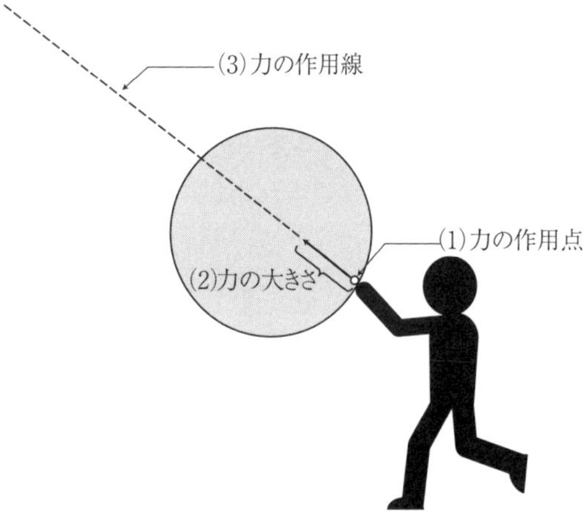

図3・11

2・3　力の種類と重力

力には，筋肉による力，バネの伸びや縮みによる力，物体の面と面との間で働く摩擦力，地球による重力，磁石の間で働く磁気力など様々な種類がある．手で机を押す場合のように，接触している物体の間に作用する力と，重力，磁気力などのように，空間を隔てて働くような力もある．

2つの物体間には質量に比例し物体間距離の2乗に反比例する引力が作用する．これを万有引力の法則というが，これにより，地球上にある物体には，地球の中心に向かって引かれる力が働くことになる（厳密には地球の自転のためにわずかに力の向きがずれる）．この力のことを**重力**とよび，物体が受ける重力の大きさを，**重さ**と表現する．

万有引力の法則では，2つの物体の質量をそれぞれ M, m，その間の距離を r とすると，

$$F = G\frac{Mm}{r^2} \qquad \text{式3・20}$$

と表せる．ここで，G は万有引力定数とよばれるもので，$G = 6.673 \times 10^{-11}[\mathrm{m^3 s^{-2} kg^{-1}}]$ ととても小

表3・1

地名	緯度	重力加速度(m/s^2)
シンガポール	1°18′	9.78066
那覇	26°12′	9.79096
東京	35°39′	9.79763
青森	40°39′	9.80311
ヘルシンキ	60°11′	9.81901

さな値であることが知られている．しかし，Mが地球のようにとても大きな質量をもつ場合は，Fの大きさは無視できなくなるため，質量mを有する地球上の物体は地球の中心方向に引っ張られることになる．地球表面上にある物体と地球中心までの距離rは地球の半径として与えられ，Mは地球の質量，Gは定数なので，式3・20のm以外は結局，定数となり，地球による重力は，

$$F = m\frac{GM}{r^2} = m[kg] \times 9.8[m/s^2] \qquad \text{式3・21}$$

として与えることができる（力と質量と加速度の関係は5節の運動方程式で詳しく説明することになるので，そちらも参照されたい）．地球上で，物体が重力の作用だけで落下するとき，物体は時間とともに速度を増して（すなわち加速度をもって）落下することは経験上知っているが，このときの加速度の大きさは式3・21に示すとおり9.8[m/s^2]となる．この加速度を重力加速度とよび，物体はその質量とは無関係に一定の大きさ（重力加速度）で速度を増しながら落下することになる．物体の質量をm[kg]，重力加速度の大きさをg[m/s^2]とおくと，重力W[$kg \cdot m/s^2$]は

$$W = mg \qquad \text{式3・22}$$

と表せる．

ところで重力加速度の大きさは，地球上では落下する物体が，1秒間に9.8[m/s]ずつ速度を増して落下するが，月面上ではどうだろうか．地球上と同じように，月面上では月の重力の影響を受けるが，その重力は月の質量が小さいために，同じ質量をもつ物体は地球上の重力の1/6でしかない．したがって，地球上で体重が80[kg]の人が，月面上で体重を測定すると15[kg]を示すことになる．また，実は地球上でも場所によって重力加速度の大きさはわずかに変化することが知られている（表3・1）．これは，地球の中心に引っ張られる引力はどの場所でもほぼ同じと考えられるのだが，地球は自転しているために物体には地球の外側に引っ張られる遠心力が作用するためである．遠心力は回転半径に比例するため赤道に近いほど大きく働くことになり，引力とこの遠心力を足しあわせた重力は小さくなる．そのため，重力加速度は緯度が低いほど，小さくなる傾向がある．

２・４　力の合成と分解

１）力の合成

１つの物体に，２つ以上の異なる方向からの力がはたらく場合，それらの力を合わせて，１つの力がはたらくと考えることができる．このように合わせた力を合力といい，合力を求めることを**力の合成**とよぶ．

a）一直線上ではたらく２力の合成

一直線上ではたらく２力の合力を考えてみると，２つの力が同じ向きの場合には，加え合わさるようにはたらき（図３・12(a)），力の向きが真逆の場合には互いを打ち消すようにはたらく（図３・12(b)）．

b）一直線上にない２力の合成

一直線上にない２力の合力を考えてみると，異なる向きにはたらく２力 F_1，F_2 の合力 F は，２力のベクトルを隣り合う２辺とする平行四辺形の対角線の矢印に一致することが，実験から知られている．力のこのような性質を**平行四辺形の法則**といい，次式のように表す（図３・13）．

$$\vec{F} = \vec{F_1} + \vec{F_2} \qquad \text{式３・23}$$

３力以上の力の合成についても，平行四辺形の法則を繰り返し用いればよい．

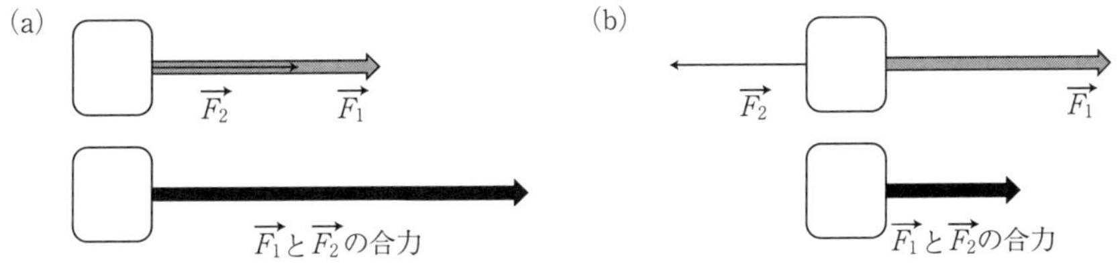

図３・12

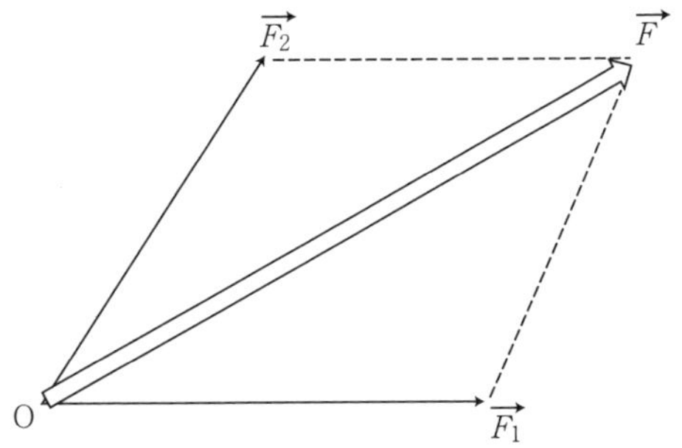

図３・13

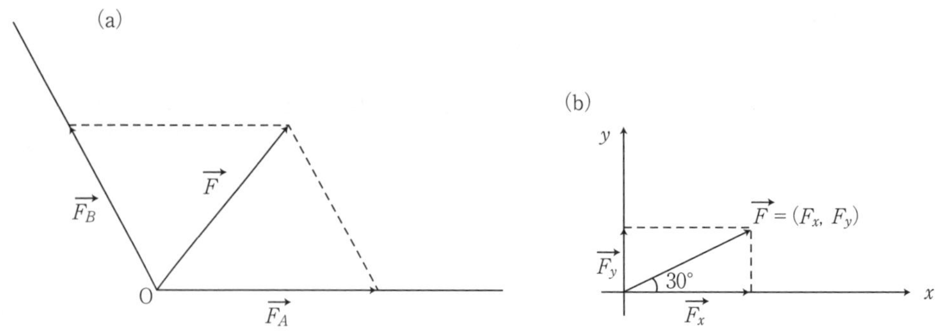

図3・14

2）力の分解

複数の力を合成するのとは反対に，1つの力をそれと同じはたらきをする2力以上の力に分けることを，**力の分解**という．また，分解された力を，元の**力の分力**という．平行四辺形の法則を用いれば，任意の方向の2つの力に分解できるので，これを繰り返すと，力を任意の方向の複数の力に分解することができる（図3・14(a)）．また，力を分解する場合には，力Fをx軸，y軸の2つの方向に分けて考えることができる（図3・14(b)）．x軸，y軸それぞれの分力の力をx成分，y成分とよぶ．さらに，力Fを(F_x, F_y)のように表す．例えば，図3・14(b) のように，Fが15[kg・m/s^2] の力として，x成分，y成分の分力を考えると，

$$F=(F_x,\ F_y)=(15\cos 30^\circ,\ 15\sin 30^\circ)=\left(\frac{15\sqrt{3}}{2},\ \frac{15}{2}\right)$$ 式3・24

と表すことができる．

§3. 重力による運動

高いところから物体を放し自由に落下させると，重力によって速さを増しながら落下する．このときの加速度が重力加速度で，物体は毎秒9.8[m/s]ずつ速度を増す．落下を開始してから，時々刻々の速度と位置はどのように変化していくだろうか．また，鉛直に投げ上げた物体，あるいは斜め上方に投げ上げられた物体の運動はどのように変化するであろうか．ここでは，微積分を用いて，重力加速度から，物体の運動の速度と位置を求める方法を考えてみよう．

3・1　自由落下

図3・15のように，鉛直下向きにy軸をとり，時刻$t=0$に位置$y=0$から下向きに初速度$v_0=0$で落下する物体の時刻tにおける，位置y，速度vを考えてみよう．2・3節より，落下中の加速度aの大きさは，すべての物体に対して重力加速度gと考えてよい（空気抵抗は無視する）．このように，物体の加速度が与えられている場合，加速度→速度→位置の関係から（1・5節参照），時刻tで積分して求めることができる．

$a=g$ より　$a=\dfrac{dv}{dt}=g$

ここで微分方程式 $\dfrac{dv}{dt}=g$ において，両辺を時刻 t について積分すると，

$$v=\int g\,dt=gt+C_1 \quad (C_1：定数) \qquad 式3・25$$

また式3・25より，$v=\dfrac{dy}{dt}=gt+C_1$

ここで微分方程式 $\dfrac{dy}{dt}=gt+C_1$ において，

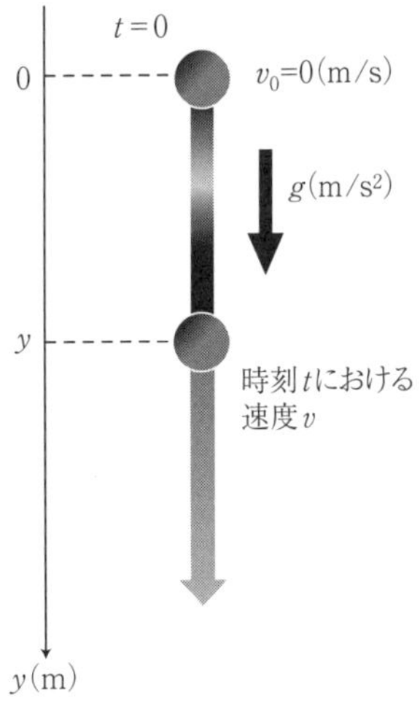

図3・15

両辺を時刻 t について積分すると，

$$y=\int (gt+C_1)dt=\frac{1}{2}gt^2+C_1t+C_2 \quad (C_1, C_2：定数) \qquad 式3・26$$

ここで，$t=0$ のとき $y=0$，$v=0$ なので，これらを式3・25，式3・26に代入すると，

$$0=0+C_1,\ 0=0+C_2 \qquad \therefore C_1=C_2=0$$

よって，$v=gt$，$y=\dfrac{1}{2}gt^2$ となり，重力加速度と時刻（経過時間）から速度，位置を求める式が得られる．また，上の2つの式から t を消去して整理すると，$v^2=2gy$ という速度と位置，重力加速度の関係式も導かれる．

3・2　鉛直投げ上げ運動

次は，物体を鉛直上向きに投げ上げる運動を考えてみよう．図3・16のように，鉛直上向きに y 軸をとり，時刻 $t=0$ に位置 $y=0$ から上向きに初速度 $v=v_0$ で投げ上げられた物体の，時刻 t における，位置 y，速度 v を求めてみる．鉛直投げ上げ運動の場合も，時々刻々の物体の加速度 a の大きさは，重力加速度 g と考えてよい．ところで，鉛直投げ上げ運動の場合，運動の向きを考えなくてはならない．鉛直上向きを正とすると，初速度 v_0 の向きが正，重力加速度の向きは負となるので，

$a=-g$ より　$a=\dfrac{dv}{dt}=-g$

ここでも自由落下と同様に，微分方程式 $\dfrac{dv}{dt}=g$ とおいて，

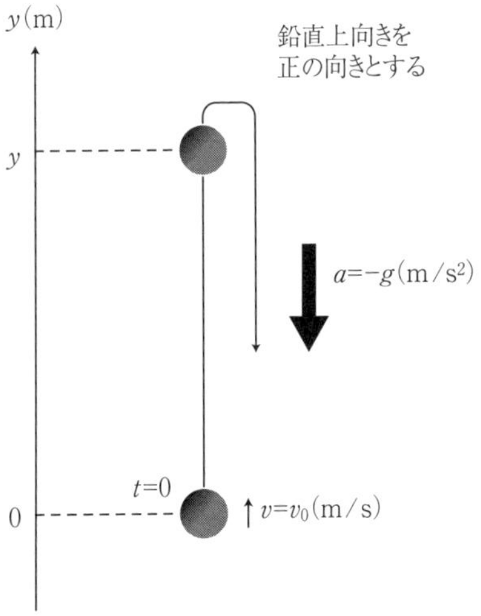

図3・16

両辺を時刻 t について積分すると，

$$v=\int -gdt=-gt+C_1 \quad (C_1：定数) \qquad 式3・27$$

次に式 3・27 より，

$$v=\frac{dy}{dt} - gt + C_1 \qquad 式3・28$$

ここで微分方程式 $\frac{dy}{dt} = - gt + C_1$ において，

両辺を時刻 t について積分すると，

$$y = \int(- gt + C_1)dt = -\frac{1}{2}gt^2 + C_1 t + C_2 \quad (C_1, C_2：定数) \qquad 式3・29$$

ここで，$t = 0$ のとき $v = v_0$，$y = 0$ なので，式 3・27，式 3・29 にそれぞれを代入すると，

$$v_0 = C_1 \quad 0 = C_2$$

したがって，$v = - gt + y_0$，$y = -\frac{1}{2}gt^2 + v_0 t$ となり，速度，位置の式を得る．また，上の 2 つの式から t を消去して整理すると，$v^2 - v_0^2 = 2(-g)y$ という速度と位置の関係式も導ける．

3・3　放物運動

最後に，水平方向や斜め上方に投げ出された物体の運動を考えてみよう．ここで扱う運動は，水平 (x) 成分と鉛直 (y) 成分に分解して考えてみると，理解が得やすい．

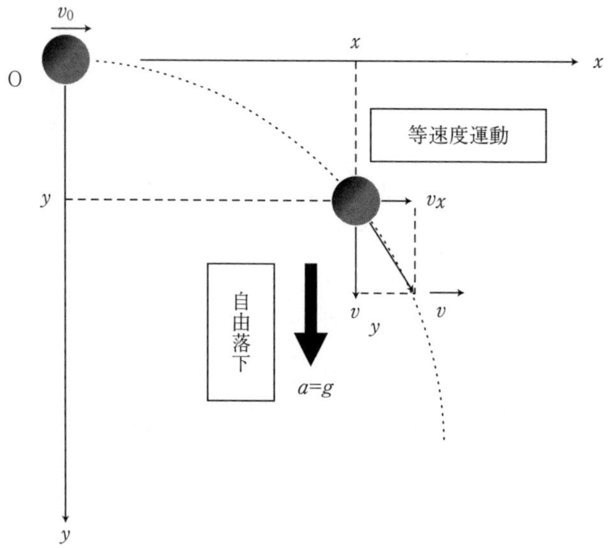

図3・17

1）水平投射

物体を水平方向に投げ出すことを**水平投射**という．図3・17のように，水平投射された物体は，一見すると運動の向きも速さも一定でなく，複雑な運動をしているようにみえる．しかし，物体を水平に初速度v_0で投げ出すと同時に，同じ高さの点から自由落下させた物体の運動軌跡とを比較すると，両方の物体の落下方向の運動は全く同一になることが，実験から知られている（水平投射する物体の初速度v_0を速くしても遅くしても鉛直方向の運動は変化しない）．このことから，水平投射された物体の運動は，鉛直（y）方向の自由落下と，水平（x）方向の等速度運動を合成した運動として考えることができる．ここで，物体の位置を$\vec{r}=(x,y)$，速度ベクトルを$\vec{v}=(v_x,v_y)$とすると，y軸方向には，物体は初速度0，重力加速度gで自由落下するから，鉛直下向きを正とすると，鉛直成分の加速度の式は次のように表せる．

$$\frac{dv_y}{dt}=g$$

3・1節と同様に，両辺を時刻tについて積分すると，速度の式は

$$v_y=\int g dt=gt \qquad \text{式}3\cdot30$$

となる．さらに，両辺を時刻tについて積分すると，

$$y=\int gtdt=\frac{1}{2}gt^2 \qquad \text{式}3\cdot31$$

のように，位置の式を得る．また，x軸方向には，物体は初速度v_0で等速度運動するから，水平成分の速度の式は次式のように表せる．

$$v_x=\frac{dx}{dt}=v_0 \qquad \text{式}3\cdot32$$

両辺を時刻tについて積分すると，

$$x=\int v_0 dt=v_0 t \qquad \text{式}3\cdot33$$

となる．ここで，式3・31，式3・33からtを消去して，yをxで表すと，

$$y=\frac{g}{2v_0^2}x^2$$

となり，これは空中に水平に放たれた物体が運動する軌跡を表している．2次関数で表される曲線となることから，その運動は**放物運動**することがわかる．

2）斜方投射

図3・18のように，水平面上の点Oから，初速度v_0，仰角θで投げ出された物体が，再び水平面上にもどるまでの運動を考えてみよう．投げ出される物体の運動は，水平投射のときと同じように，水平方向は等速度運動として，鉛直方向は鉛直投げ上げ（3・1節を参照）と全く同じ運動（初速度v_0が鉛直上向き，加速度が鉛直下向きに重力加速度g）になることが知られている．このとき，鉛直上向きを正とすると，重力加速度gの向きは負となるので，y軸方向の加速度a_yは$a_y=-g$，初速度v_0のx成分，y成分はそれぞれ，

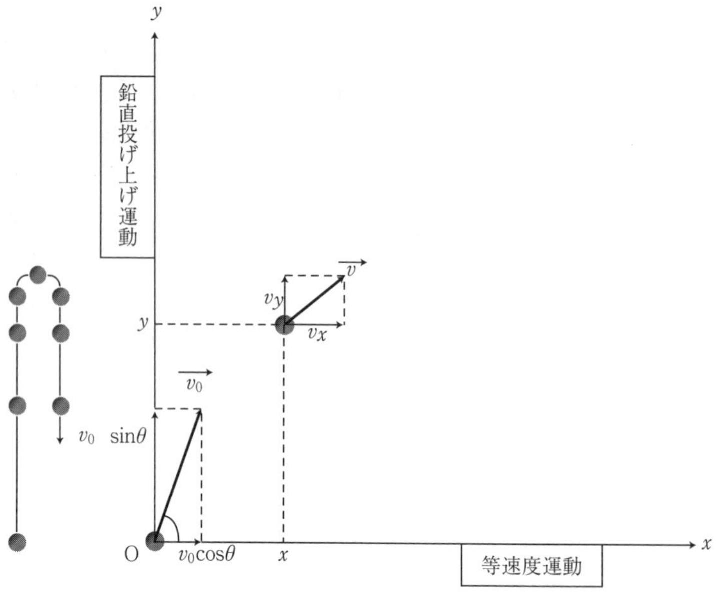

図3・18

x 成分：$v_0 \cos\theta$

y 成分：$v_0 \sin\theta$

となり，水平方向は速度 $v_0 \cos\theta$ の等速運動，鉛直方向は初速度 $v_0 \sin\theta$，加速度 $-g$ の等加速度運動となっていることがわかる．水平投射と同様に，時刻 t における，物体の位置を $\vec{r} = (x, y)$，速度ベクトルをを $\vec{v} = (v_x, v_y)$ とすると，

$$v_x = v_0 \cos\theta \qquad \text{式 3・34}$$

とおける．また，$a = \dfrac{dv_y}{dt} = -g$ なので，両辺を時刻 t について積分すると，

$$v_y = \int -g dt = -gt + C_1 \quad (C_1\text{：定数})$$

ここで，$t = 0$ のとき，$v_y = v_0 \sin\theta$ なので，

$$v_y = v_0 \sin\theta - gt \qquad \text{式 3・35}$$

また，式 3・34, 式 3・35 の速度の式をさらに時刻 t について積分すると，位置の式を得る．x 成分の位置は，式 3・34 より，

$$v_x = \frac{dx}{dt} = v_0 \cos\theta$$

よって，

$$x = \int v_0 \cos\theta dt = v_0 \cos\theta \cdot t + C_2 \ (C_2\text{：定数})$$

ここで，$t = 0$ のとき，$x = 0$ なので，$C_2 = 0$ から

$$x = v_0 \cos\theta \cdot t \qquad \text{式 3・36}$$

また，y 成分の位置は，式 3・35 より，

$$v_y = \frac{dy}{dt} = v_0 \sin\theta - gt$$

よって，

$$y = \int (v_0 \sin\theta - gt)dt = v_0 \sin\theta \cdot t - \frac{1}{2}gt^2 + C_3 \quad (C_3：定数)$$

ここで，$t = 0$ のとき，$y = 0$ なので，$C_3 = 0$ となり

$$y = v_0 \sin\theta \cdot t - \frac{1}{2}gt^2 \qquad \text{式 3・37}$$

が得られる．さらに，式 3・36，式 3・37 から t を消去すると，

$$y = \tan\theta \cdot x - \frac{g}{2(v_0 \cos\theta)^2}x^2$$

と 2 次関数となることから，斜方投射された物体も水平投射と同様に放物線運動することが確かめられる．

［補足］このように，加速度，速度，位置が微分と積分の関係にあることを理解していれば，単純な加速度の式から時刻 t について積分することによって，その都度，速度，位置を計算することができる．ここまでに導出した式は，高校では公式として覚えることを余儀なくされていたが，覚える必要はないことが理解できるだろう．

§4. 力と運動

運動している物体を観察すると，運動は位置の変化を伴うことが理解できる．また，静止している物体に力を加えると物体は動き始めるが，このとき物体の速度は，0 からある値に変化したと考えられる．つまり，速度が変化するということから，加速度が生じた，と考えることもできる．また，物体の運動には力が深く関係していそうだが，地球上では，物体に空気抵抗や摩擦などが常にはたらくので，運動にひそむ規則性を見いだすことはなかなか簡単ではない．ここでは，ニュートンの考えた運動の法則について学ぼう．

4・1　慣性の法則

次頁の図のように，床に静止している物体を左から右方向に押すと，物体の運動はどうなるだろうか（図 3・19）．強く押せば，ある程度は惰性で進むが，床と物体の底面に生じる摩擦や空気抵抗によって，徐々に速さは遅くなり，ついには停止する．また，力を加えないと，物体は「静止」し続ける．ところで，物体には，押す力以外にも，摩擦や空気抵抗などの外力がはたらいているが，物体に作用

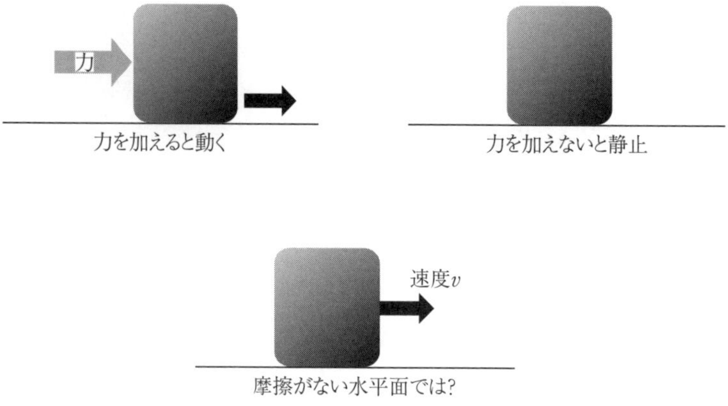

図3・19

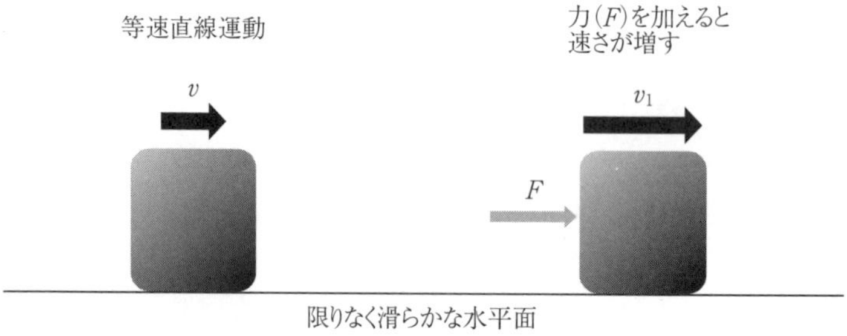

図3・20

する「押す力」だけに注目したときに，力と運動の関係はどうなるだろうか．地球上で，摩擦も空気抵抗もはたらかない状況を想像するのは難しいが，氷上のように限りなく滑らかな水平面上を速度vで運動する物体を思い浮かべ，運動の本質を考えてみよう．図のように，摩擦と空気抵抗をどんどん小さくしていくと，一度速度を与えられた物体は，速度を保ったまま運動を続ける時間がどんどん長くなり，ついに，外力がゼロになると，物体は止まることなく速度を保ち続ける．これを**慣性の法則**という．このように，物体には，ある瞬間の速度ベクトル（速さと向き）を保とうとする，つまり運動の変化に抵抗する性質があり，その性質のことを**慣性**という．

慣性の法則からは，力がはたらいていない場合，動いている物体は速さも運動の向きも変化しないことから，そのまま等速直線運動する（静止している物体も速度が「ゼロ」の等速運動と考えてよい）．では，力を加えると，物体の運動はどうなるだろうか．少なくとも，等速運動ではなくなりそうだ（図3・20：$v < v_1$）．つまり，物体は，力を加えられると，速くなったり，遅くなったり，向きを変えられたりするといえる．したがって，力とは，「物体の運動の速度変化の原因となるもの」と考えることができる（3・1も参照のこと）．それでは，どのくらいの力を加えたら，どのくらい速度が変化するだろうか．次に，力の大きさと速度変化の法則性について考えてみよう．

4・2　運動の法則（運動方程式）

例えば，静止している台車を押すとき，力を加え続けると台車の速度はどんどん増す．このことか

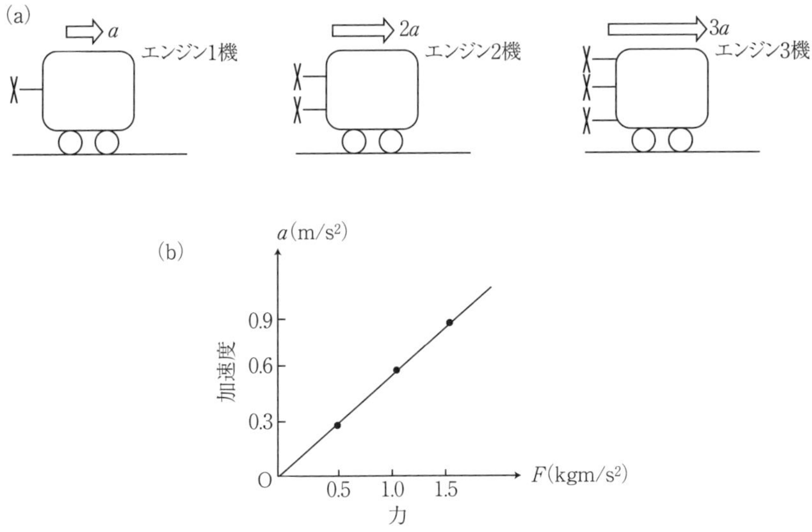

図3・21

ら，ある方向に力が加えられると（合力が0でなければ），物体の速度は変化，すなわち加速（あるいは減速）する．速度の変化は，加速度で表すことができ，より大きな力を加えると，加速度が大きくなることは直感的に理解できる．

では，力がはたらくとき，加速度がどのように変化するかを考えてみよう．台車を動かす動力となるプロペラエンジンの搭載数を変えて，静止状態から台車が一定の速度に達するまでの加速度を測定してみる（図3・21(a)）．プロペラエンジンを，1機，2機，3機と変化させて台車を前方に推進させると，その推進力は2倍，3倍になるとする．ここで，加速度 a と台車を推進する力 F の関係をグラフで表すと，図3・21(b)のようになる．台車の質量が一定ならば，台車に生じる加速度 a は台車に加わる力 F に比例する．

ところで，台車の質量 m を変えると，生じる加速度はどうなるだろうか．直感的には，質量の大きな物体を加速させるには，より大きな力が必要になる．次頁の図のように，台車を推進する動力となるプロペラエンジンを2機で固定して，台車に重りを乗せて，質量を2倍，3倍と変えながら，同様に加速度を測定してみる（図3・22(a)）．すると，図3・22(b) のように，台車の質量 m と加速度 a の間には反比例する関係が得られた．また，加速度 a と質量の逆数 $(1/m)$ との関係をグラフに表してみると，推進力が一定のとき，台車に生じる加速度 a は，質量の逆数に比例することも確かめられた．

以上の2つの実験の結果を，一般的に考えてみよう．質量 m[kg]の物体に力 F を，時間 Δt だけ加えたら，速度が v_0[m/s]から v_1[m/s]へ変化したとする．このときの，「速度変化（$\Delta v = v_1 - v_0$）」が，質量 m や力の大きさ F，力を加えた時間 Δt とどのような関係があるだろうか．

1）F が大きいほど，Δv は大きくなる→Δv は F に比例する

2）Δt が大きいほど，Δv は大きくなる→Δv は Δt に比例する

3）m が大きいほど，Δv は小さくなる→Δv は m に反比例する

よって，比例定数を k とすると，

$$\Delta v = k\frac{F\cdot\Delta t}{m}$$

と表すことができる．またこの式を変形すると，

$$\frac{\Delta v}{\Delta t} = k\frac{F}{m}$$

ここで，$\dfrac{\Delta v}{\Delta t} = a$（$a$ は加速度）であるから，

$$a = k\frac{F}{m} \qquad \text{式 3・38}$$

または，

$$ma = kF \qquad \text{式 3・39}$$

となる．

ここで比例係数 k の値を求めてみることにしよう．

式 3・39 は物体に作用した力 F はその質量と加速度の積に比例することを表している．ここで 1[kg] の物体にある大きさの力を作用させて，物体が 1[m / s^2] の加速度で動き出したとき，この力 F の大きさを 1[kg･m / s^2] とするように定義するようにすれば，比例定数 k の値は 1 をとるしかないので，式 3・39 は

$$ma = F \qquad \text{式 3・40}$$

というシンプルな形で表せる．

この式を**運動方程式**といい，力と運動の間の大変重要な関係を示す式として有名である．また，式 3・40 に示すように m = 1[kg] の物体が a = 1[m / s^2] の加速度で動くときの力 F をすでに 1[kg･m / s^2]

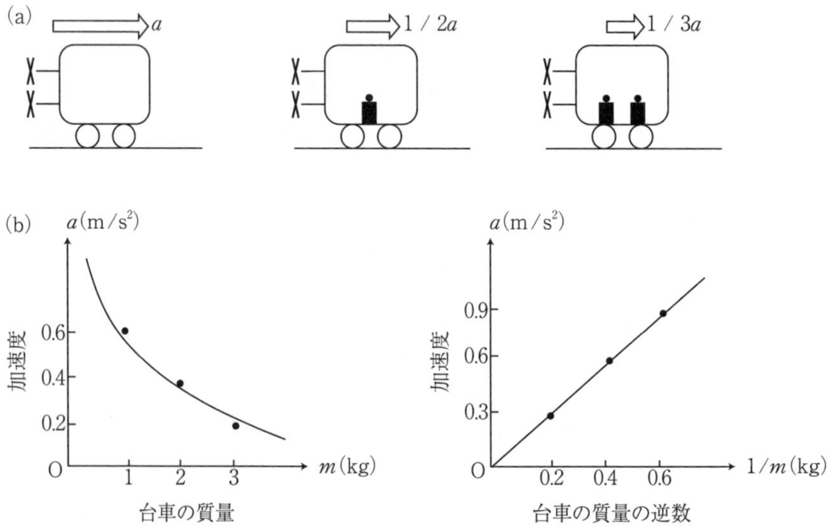

図 3・22

と定義したが（3・2を参照のこと），この力の単位[kg・m/s^2]を[N]（ニュートン）と表記する．

運動方程式は，力によって運動の様子が変化することを表す方程式といえる．式3・40に注目すると，（左辺）と（右辺）が等しいという等式ではなく，（左辺）が運動の変化を表し，（右辺）がその変化を引き起こす原因である力を表す．また，式3・38に注目すると，質量mの物体に力Fを加えると（右辺），その結果として加速度aが生じる（左辺）という関係を表しているともいえる．さらに，式3・38より，$F = 0$のとき，$a = 0$となるが，このことは，外力がはたらかない物体の運動は，等速直線運動を保持することを表しているのである．また，力Fを加えると物体の運動は等速直線運動から外れて，その力の向きに加速度を生じさせる．

ところで，式3・38より，一定の力で物体を運動させる場合，質量が大きい物体ほど運動を変化させるのがゆっくりとなる（加速度aと質量mが反比例の関係にあることによる）．つまり，物体の質量（重さではない）は「**運動状態（速度）の変化のしにくさ**」を表している．その意味では，質量は物体がもつ慣性の大きさと考えることもできる．したがって，運動方程式にでてくる質量のことを**慣性質量**ともいう．慣性質量は物体に固有の量なので，重さ（重量）とは違って，地球上でも，月面上でも，宇宙のどこでも同じ値になる．

4・3　作用・反作用の法則

下の図のように，車につないだロープで物体を引っ張る場合の力の作用を考えてみる（図3・23）．このとき，車が物体を力Fで引くとロープはピンと張り，車は進む方向と反対方向にロープから引っ張り返される．また，壁を力一杯押しても，壁がびくともしないときは，踏ん張る足は押す方向とは反対にズルズルと滑るばかりで，壁から押し戻されている状態になる．このように，物体を引っ張ったり，押したりして力を作用させたときには，必ずそれと同じ大きさで反対方向に対をなすように反

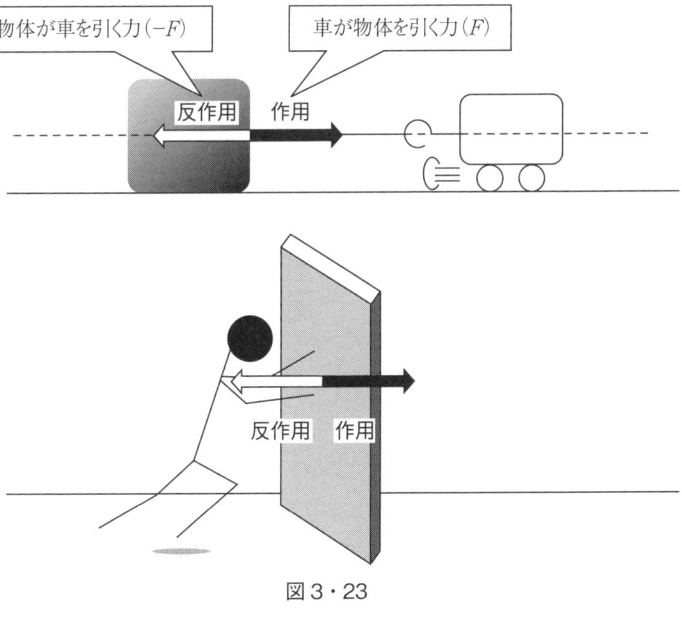

図3・23

作用の力が存在するのである．これを作用・反作用の法則とよぶ．

作用・反作用の法則は，壁を押しているときのように，静止している状態でも，物体を引っ張って移動しているとき，どのような状態でも成り立つ．作用・反作用の法則は乗り物や生物が移動するメカニズムを考えるときにもとても重要である．例えば，自動車が前進できるのはタイヤが道路に対して力を作用することによって，道路からタイヤに反作用の力が加わることによって前進すると考えることができる．また，魚類が泳ぐときは尾ビレで水に力を作用させ，水からの反作用で魚は前進するための力を獲得しているのである．作用・反作用の法則では作用する力と反作用する力が，同一線上でそれぞれ向きは反対だが同じ大きさであるという点が重要である．質量の大きな物体に小さな物体が衝突（作用）したとき，作用・反作用の法則が成り立ち，大小の物体にはそれぞれ作用力と反作用力が加わる．大小の物体が衝突したとき，小さいほうが受けるダメージ（力）のほうが大きいような感覚をもつが，作用・反作用の法則により，衝突時に互いに及ぼし合う力の大きさはどちら側も変わらず同じ大きさになる．

4・4　運動の３法則

ここまでで学んだ運動に関する法則が正しく認識されるまでは，（1）重い物体の方が軽い物体よりも速く落下するとか，（2）物体が運動をし続けるには「力」を加え続ける必要があるというような考えが広く信じられていた．確かに日常生活における感覚からもそのように思ってしまいがちである．それは摩擦や空気抵抗のせいなのだが，なかなかそのことには気がつきにくい．

摩擦や空気抵抗の影響を排除して思考すると同時に，落下運動の観察や予測などから，物体は質量によらず同じ加速度で落下することや慣性の法則を見ついだしたのが，16 世紀のガリレオ・ガリレイであった．さらに，天体運動と地上での物体の運動が 3 つの法則によって統一的に説明できることを示したのが，17 世紀後半に登場したニュートンである．それが，

①慣性の法則…運動の第１法則

②運動の法則…運動の第２法則

③作用・反作用の法則…運動の第３法則

であり，ニュートンの運動の３法則とよばれている．

4・5　単位と次元

物理には，長さ・質量・速度（加速度）・力など，いろいろな量が登場する．それらを**物理量**とよびます．物理量にはそれぞれに基準となる量，すなわち**単位**があり，物理量は単位量の何倍であるかを示す数値と単位記号をつけて表される．

物理量＝数値×単位

国や地域によって物理量の単位が異なると不便なので，国際的な約束で定められた**国際単位系(SI)**が用いられる．SI では，長さにメートル(記号：m)，質量にキログラム(記号：kg)，時間に秒(記号：s)をそれぞれ**基本単位**として定めている．これ以外の物理量，例えば速度は，長さを時間で割った量であるから［m/s］というように，基本単位を組み合わせた単位（**組立単位**）で表す．特定の組立単

位には固有の名称が与えられている．例えば，力の単位であるニュートン(N)は kg・m/s^2 という組立単位に与えられた固有の名称である．

組立単位が基本単位のどのような組み合わせになっているかを示すものを**次元**（ディメンション）とよぶ．物理量の関係を数式で表す場合のルールがあり，左辺と右辺の両辺の次元を等しくしなければならない．質量，長さ，時間の次元をそれぞれ，［M］，［L］，［T］の記号で表し，組立単位の次元をこれらの組み合わせで表す．例えば，面積の次元は［L^2］であり，速度は［LT^{-1}］，加速度は［LT^{-2}］，力は［MLT^{-2}］となる．

§5. いろいろな運動

摩擦力，空気抵抗などがはたらく場合について，運動方程式の応用例を学ぼう．

5・1　摩擦のある面上での運動

4・3で説明したように，物体に力を作用させると，作用・反作用の法則によりその力と同じ大きさで方向が反対となる反作用の力が作用する．図3・24のように，物体が床に置かれている場合，物体は重力によって床を押すが，作用・反作用の法則により床はまた物体を押し返す．このように，作用・反作用の法則により物体と接触している面から鉛直上向きに物体に作用する力を**垂直抗力**とよぶ．

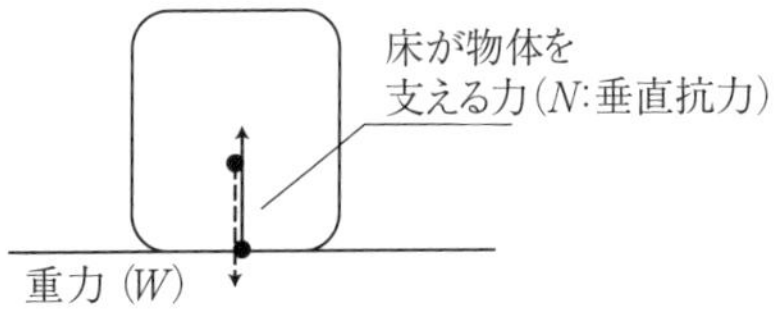

図3・24

水平面上に質量 m の物体を置くと，物体には，鉛直下向きにはたらく重力 mg と，水平面が物体を支える垂直抗力 N の2力がつり合い（合力が0となり），物体は静止する（図3・25(a)）．ここで静止している物体を，図3・25(b)のように水平右向きに T の力で引いてみると，T が小さいうちは，物体は動き出さない．これは，水平面から物体に対して T とは逆向きで，大きさの等しい摩擦力 F がはたらき，T と F がつり合っているからである．このように静止した物体が動き出すのを妨げるようにはたらく摩擦力を，特に**静止摩擦力**という．T をしだいに大きくしていくと，T とつり合いの関係にある F もどんどん大きくなるが，まだ物体は動き出さない．しかし，T の大きさがある値を超え

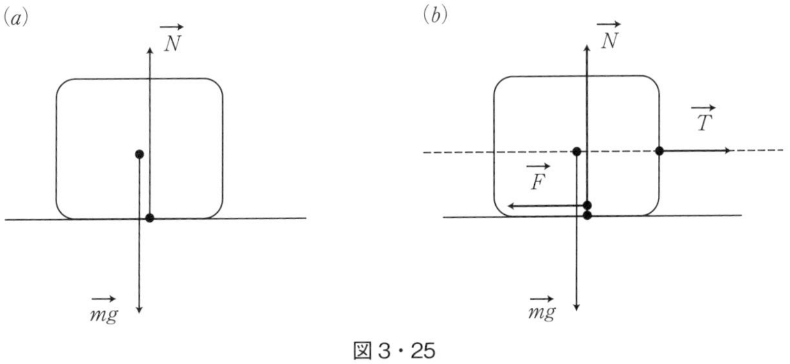

図3・25

ると物体は，Tの力の作用する右方向に動き出す．これは，静止摩擦力の大きさには限界があることを示しており，その力の大きさは，物体が動き始める直前に最大となる．これを，**最大摩擦力**とよぶ．最大摩擦力の大きさF_0は，垂直抗力Nに比例し，その比例定数μは静止摩擦係数とよばれ，物体と接触しあう面の性質によって決まる．最大摩擦力は次式のように表せる．

$$F_0 = \mu N$$ 式3・41

図3・26のように，傾きを自由に変えられる板の上に質量mの物体をのせて，板を徐々に傾けていくと，傾き角がある角θを超えると，物体は滑り始める．この角を**摩擦角**という．物体が滑り始める直前，物体には，重力mg，板から受ける垂直抗力N，最大摩擦力F_0がはたらき，これらの力はつり合っているので，

$$F_0 = mg\sin\theta$$ 式3・42

$$N = mg\cos\theta$$ 式3・43

物体と板の間の静止摩擦係数をμとすると，上の2式を式3・41に代入して，

$$\mu = \frac{F_0}{N} = \frac{mg\sin\theta}{mg\cos\theta} = \tan\theta$$ 式3・44

の関係が成り立つ．

また，運動している物体にも，接触面で，運動方向と逆向きに運動を妨げる向きに摩擦力がはたらく．これを**動摩擦力**とよぶ．動摩擦力の大きさF'も，垂直抗力Nに比例するので，比例定数をμ'とすると，

$$F' = \mu' N$$ 式3・45

となり，μ'を動摩擦係数とよぶ．一般に，動摩擦係数は静止摩擦係数よりも小さく，すなわち$\mu' < \mu$となる．図3・27のように，摩擦のある水平面上で，物体に右向きに初速度を与えて滑らせた場合，

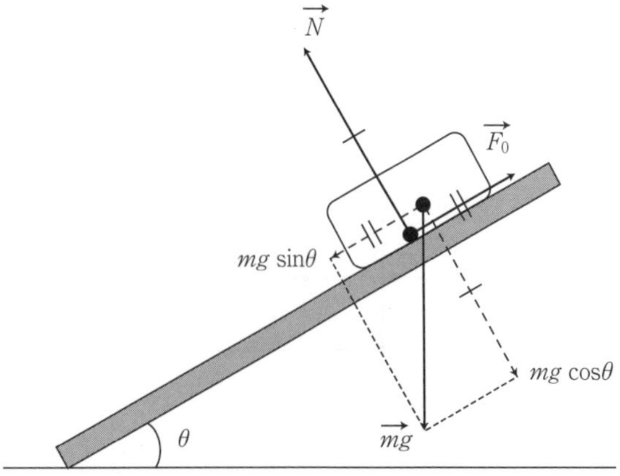

図3・26

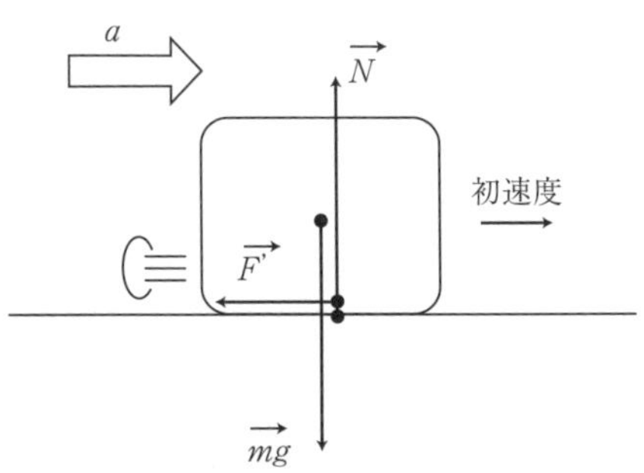

図3・27

物体は面からの動摩擦力 F' を受けて減速して，やがて停止する．物体の質量を m とすると，垂直抗力 N は重力 mg に等しいので，$N = mg$ とおけるので，これを式3・45に代入して動摩擦力の式は，

$$F' = \mu' mg \qquad \text{式3・46}$$

と表せる．したがって，初速度の向きを正とし，物体の加速度 a とすると，運動方程式は，

$$ma = -\mu' mg \qquad \text{式3・47}$$

となり，$a = -\mu' g$ となることがわかる．つまり，この物体は，加速度が負の値となることから，徐々に減速して，やがて止まる．

5・2　空気抵抗がはたらく場合の落下運動

これまで物体の運動を考えるときには,物体にはたらく空気抵抗は無視して扱ってきた．ここでは，落下する雨滴の運動を，空気抵抗を含めて考えてみる．雨滴が，上空1000[m]から空気抵抗を受けずに自由落下した場合を考えてみると，3・1の自由落下における位置と時刻の関係式から，重力加速度を9.8[m / s²]すると，

$$y = \frac{1}{2}gt^2 \Leftrightarrow t^2 = \frac{2y}{g} \Leftrightarrow t^2 = \frac{2\times1000}{9.8}$$

より，14.3秒後に地面に到達する．よって，速度と時刻の式から，

$$v = gt \Leftrightarrow v = 9.8\times14.3 = 140.1$$

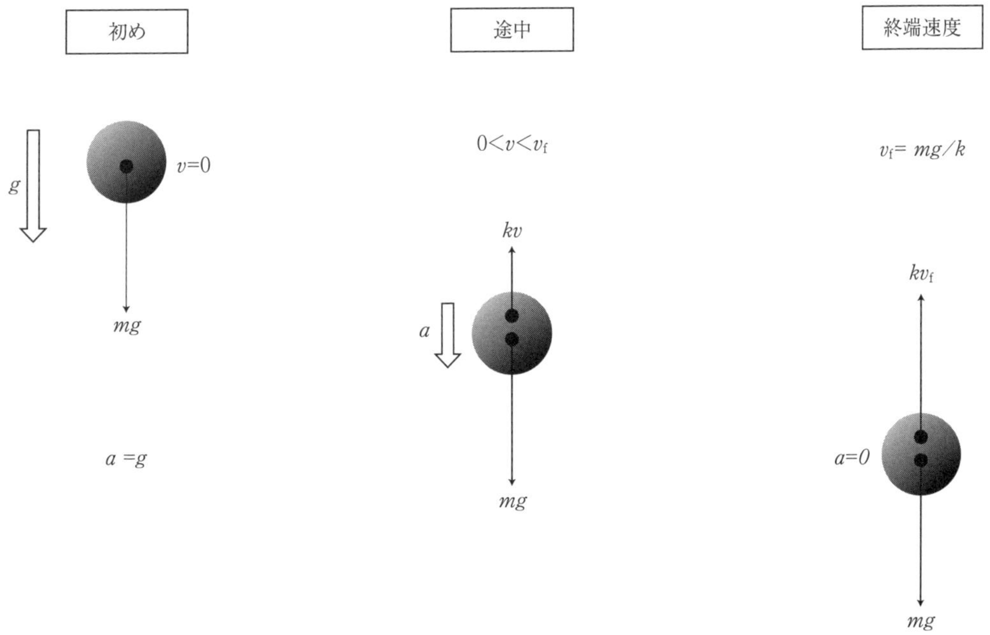

図3・28

となり，地面に達したときの速さは140[m/s]と計算される．しかし，実際には雨滴の速さはそれよりもはるかに小さくなる．つまり，雨滴が空気抵抗を受けて減速しながら落下することによる．

図3・28のように質量 m の雨滴が落下し始めたとき，速さが小さい間は，重力の方が空気抵抗よりも大きいので，雨滴は鉛直下向きにどんどん加速する．しかし，空気抵抗の大きさは，物体の速さに比例して増加することが知られていることから，落下して速さが大きくなると，空気抵抗も次第に大きくなる．鉛直下向きを正として，重力加速度を a，空気抵抗は瞬間の速さ v に比例して，その比例定数を k とすると，雨滴の運動方程式は次式で表すことができる[*1]．

$$(F =)ma = mg - kv \qquad \text{式 } 3\cdot 48$$

a も v も，時々刻々と変化する．したがって，v が大きくなって，空気の抵抗力 kv が重力 mg に等しくなると，上の式の右辺が0となり，左辺の加速度 a が0となることから，それ以降は，速度は一定（等速度）になる．このときの速度を**終端速度**とよぶ．終端速度の大きさ v_f は，上の式の $a = 0$ になるときなので，

$$v_f = \frac{mg}{k} \qquad \text{式 } 3\cdot 49$$

で表すことができる．

5・3　慣性力

電車が急発進したり急ブレーキをかけたとき，力を加えていないのに，車内の荷物が動き出したり倒れたりする．このように，物体が加速度運動している車内では，これまでに学んだ力のほかの別の力が物体にはたらいているようだ．この力について考えてみよう．

1）慣性系と非慣性系

力について考える前に，まずは改めて座標について考えてみよう．これまでも説明してきたが，物体の運動を考える場合，物体の位置と時刻がわかることが重要なポイントとなる．座標は，物体がいつどこにあるかを知るために必要であるが，このとき，座標自体は決して動かず，固定されていることを自明として取り扱っている．この固定された座標系では，5･1で学んだように運動の第1法則（慣性の法則）が成り立つので，そのような座標系のことを**慣性座標系（慣性系）**とよぶ．

一方，運動を記述するときに，移動し続ける物体に固定された座標系のように，慣性系に対して，動いている座標系を用いることが便利なことがある．その物体の動き方が等速度運動ならば，動いている座標系も慣性の法則が適用可能の慣性系となるが，動く座標系が等速度運動でなく加速度をもつ場合には，その座標系は**非慣性座標系（非慣性系）**という．ニュートン力学では，非慣性系で運動方程式を成り立たせるためには，物体に見かけ上の力がはたらくと考える必要があり，この力のことを**慣性力**とよぶ．

［注］———

*1 空気抵抗はその物体の大きさや形状，速度の大きさに依存し，どんな場合でも v に比例するとは限らない．物体の大きさや速度が大きくなると次第に速度の二乗に比例するようになる．

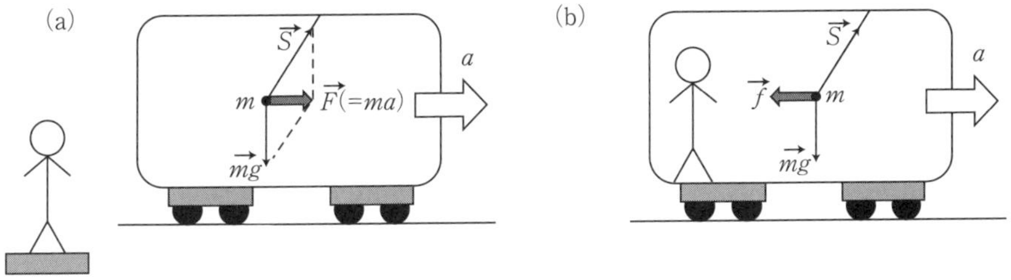

図3・29

2）慣性力

ここでは，加速度運動している人から見たときのみかけの力について考えてみよう．水平な軌道上を右向きに一定の加速度 a[m / s^2]で走行中の列車の天井から糸でつり下げられた質量 m[kg]の物体に作用する力について考える．この物体を図3・29(a)のように，地上に静止した人から見ると，つり下げられた物体は，重力 mg[N]と糸の張力 S[N]の2力を受けながら，列車と同じ加速度 a で運動していることから，mg と S の合力を F とすると，物体の運動方程式は次式で表せる．

$$m\vec{a} = \vec{F} = m\vec{g} + \vec{S}$$ 式3・50

それに対して，図3・29(b)のように，加速度運動中の車内で静止した人から見ると（このときの座標は列車と共に加速度運動する），天井からぶら下げられた物体は，列車の進行方向と真逆の向きに糸が傾いたまま静止しているように見える．しかし，物体にはたらく重力 mg と張力 S の2力だけで，力はつり合っていない．車内の人が，力がつり合っていて，物体が静止していると理解するためには，これら2力以外の力 f が物体にはたらいていると考える必要がある．このとき，力 f を進行方向と真逆の向きに加えると，mg，S，f の3力が物体に作用することで，力がつり合うと考えることができ，

$$m\vec{g} + \vec{S} + \vec{f} = 0$$ 式3・51

と表せる．ここで，式3・50，式3・51より，

$$\vec{f} = -(m\vec{g} + \vec{S}) = -\vec{F} = -m\vec{a}$$

のように，上の式が成り立つ．加速度 a で運動している観測者から，質量 m の物体に作用する力をみると，その加速度運動の向きとは真逆で，大きさが ma の力（$-ma = f$）がはたらいていると考える必要がある．このみかけの力 f が，慣性力である．図3・29(a)のような静止または等速度運動するような慣性系で観察すると，慣性力は現れないが，加速度運動している観測者（非慣性系）からは，実際にはたらく力だけでは運動方程式が成り立たないので，慣性力を加えて運動方程式をつくる必要がある．

§6. 運動量と力積（運動量保存則）

日常では，バットやラケットで打ち返されるボールのように，運動する物体の速度が瞬間的に大き

く変化する場合が少なくない．このような場合には，瞬間的に大きな，しかも複雑に変化する力がはたらき，速度の変化も複雑に思える．ここでは，物体の質量と速度で定義される運動量という物理量に注目して，運動の変化の様子を調べてみよう．

6・1　運動量と力積

1）運動量

図3・30のように，投げられたボールを受け止めるとき，ボールが速いほど，またボールの質量が大きいほど，受け止めた時の手の衝撃は大きい．このような現象を考えるにあたり，力と速度を使わず，運動する物体が相手に与える影響（衝撃）の大きさを数量的に表す1つの量として，物体の質量m[kg]と速度v[m/s]の積mvを用いる方が考察しやすい．このmvのことを，運動量とよび，

$$p = mv$$

記号pで表す．

運動量は速度と同じ向きをもつベクトルであり，その単位は[kg・m / s]を用いる．

2）運動量変化と力積

運動方程式$ma = F$を，次のように数学的に取り扱ってみよう．

$$ma = F \text{ より，} m\frac{dv}{dt} = F \quad (\because a = \frac{dv}{dt})$$

両辺を時刻tについて積分すると，

$$(\text{左辺}) = \int_{t_1}^{t_2} m\frac{dv}{dt}dt = \int_{t_1}^{t_2} mdv = \left[mv\right]_{t_1}^{t_2} = mv_2 - mv_1 \qquad \text{式3・52}$$

また，

$$(\text{右辺}) = \int_{t_1}^{t_2} Fdt = F\left[t\right]_{t_1}^{t_2} = F\Delta t = I \quad (\because \Delta t = t_2 - t_1) \qquad \text{式3・53}$$

(左辺) = (右辺)であるので，式3・52，式3・53より，

$$\therefore \quad mv_2 - mv_1 = I \quad (v_1, v_2 \text{は，時刻} t_1, t_2 \text{の時の速度とする}) \qquad \text{式3・54}$$

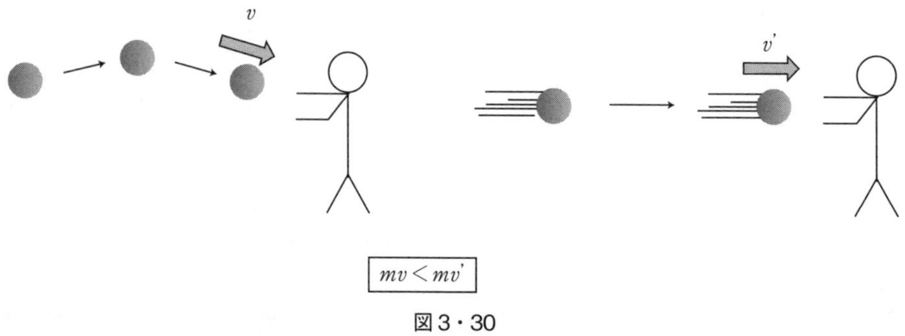

図3・30

運動方程式 $ma = F$ の意味するところは，力が加わると，加速度が生じるということ（4・2を参照のこと），つまり，力が加わると速度が変化することを表している．一方，運動方程式から導かれた $mv_2 - mv_1 = I$ を変形すると，$mv_2 = mv_1 + I$ となることから，式3・54は I が加わると，運動量 mv が変化（mv_1 から mv_2 へ）することを示しており，運動方程式とは表し方は違うが，同義である．では，I とは何なのだろうか．

図3・31(a)のように，最初に速度 v_1 で一直線上を動く台車に，時間 Δt の間だけ，力 F を加えると，速度が v_2 になった．このとき，加速度 a は次式のように表せる．

$$a = \frac{v_2 - v_1}{\Delta t}$$

この式を，運動方程式 $ma = F$ に代入し，整理すると，式3・54を得る．

$$mv_2 - mv_1 = F\Delta t \quad (= I)$$

この式の左辺は，台車を押す前と押した後の運動量の変化（差）を表している．また，右辺から，運動量の変化は力 F の大きさだけで決まらず，力 F のはたらいた時間 Δt に比例する．このような，力 F とその力がはたらいた時間 Δt との積 $F\Delta t$ を**力積**といい，図3・31(b)のグラフの塗りつぶした部分の面積で表される．力積は，運動量と同様に向きをもつベクトル量であり，その単位は[N・s]を用いる．式3・54は，物体の運動量の変化は，その変化の間に物体が受けた力積に等しいという，運動量と力積の関係を表している．日常生活においては，運動量は動いている物体の止めにくさとし

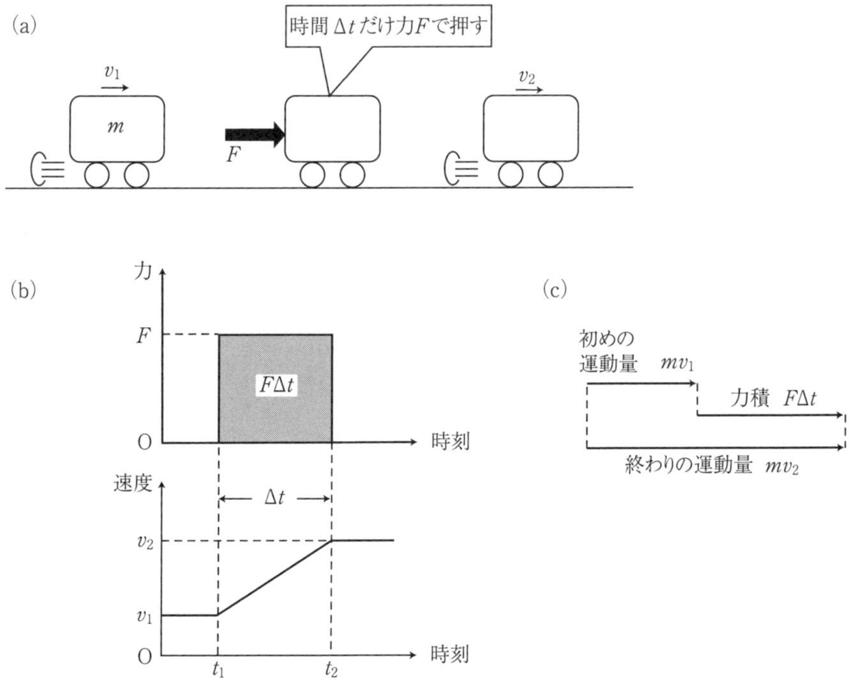

図3・31

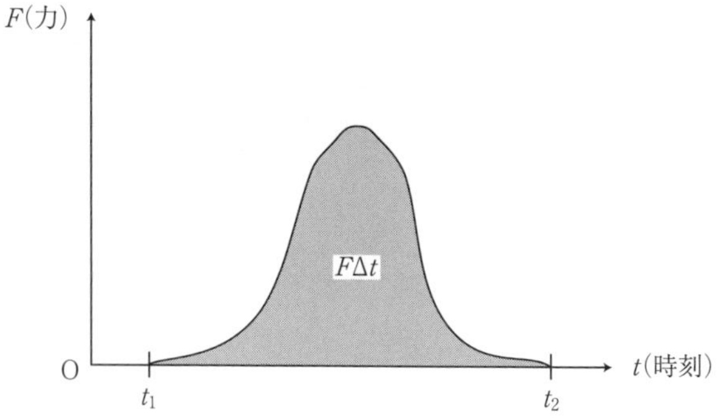

図 3・32

て体感できる．つまり，重くて速い（運動量が大きい）物体ほど，静止させるのに大きな力積が必要になる．

時刻に対して力が一定に加わる場合の力積は，力と時間の積，つまり $F-t$ グラフの四角形の面積として求められるが（図 3・31(b)），ボールでバットを打ち返すような場合，ボールに作用する力の変化は大きく，一定とはならない．このようなときは，1・5 ですでに学んだように，速度が時々刻々と変わる場合として，限りなく時間の幅を小さくした線分（瞬間の力積）を集めて，「定積分」することで求められる．つまり，時刻 t_1 から t_2 までに受けた力積 I は，

$$I=\int_{t_1}^{t_2} F dt$$

と表せる（図 3・32）．

6・2　運動量保存則

2 つの物体が衝突すると，衝突後にそれぞれの物体の速度は変化するが，衝突の前後を通じて変化しない量がある．このような量に注目して，運動の規則性について考えてみよう．

図 3・33 のように台車が衝突する様子を考えてみよう．台車 A，B の質量をそれぞれ m_1, m_2，衝突前の速度をそれぞれ v_1, v_2，衝突後の速度をそれぞれ v_1', v_2' とする（速度は $v_1 > v_2$ とする）．追突された台車 B が台車 A から F の力を受けるとすれば，作用・反作用の法則より，台車 A は台車 B から $-F$ の力を受けることになる．衝突中に台車の間で力を作用しあう時間を Δt とすれば，台車 A，B の運動量の変化は，それぞれ，

$$m_1 v_1' - m_1 v_1 = -F\Delta t \qquad \text{式 3・55}$$

$$m_2 v_2' - m_2 v_2 = F\Delta t \qquad \text{式 3・56}$$

となり，大きさが等しく逆向きであることがわかる．式 3・55 は，台車 A が運動量 m_1v_1 で走っていたら，台車 B に衝突して左向きに力積 $-F\Delta t$ を受けて，運動量が $m_1 v_1'$ に減少したことを示す．また，式 3・56 は，台車 B が運動量 m_2v_2 でゆっくりと走っていたら，後ろから台車 A に追突されて力積 $F\Delta t$ を受けて，運動量が $m_2 v_2'$ に増加したのを表している．両式から，$F\Delta t$ を消去して整理すると，

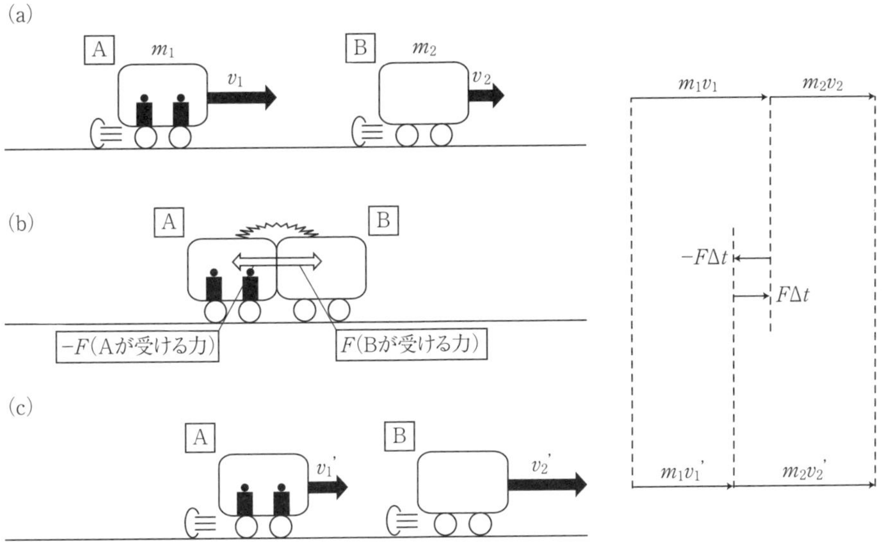

図3・33

次の関係式を得る.

$$mv_1 + mv_2 = mv_1' + mv_2' \qquad \text{式}3\cdot57$$

この式は,（衝突前の運動量の和）=（衝突後の運動量の和）を表しているので，衝突前後では，2つの台車の運動量の和が一定に保たれていることがわかる．これを**運動量保存則**という．図3・33(b)のFと$-F$のように，注目している物体のグループの中だけで相互に力（内力という）がはたらき，グループ外からの力（外力）がはたらかないとき，運動量の和は増減しない．式3・57を導き出した過程からわかるが，内力による力積である$F\Delta t$と$-F\Delta t$が，打ち消しあうために総和を変化させないので，外力による力積が加わらないとき，物体のグループの運動量の和は一定に保たれるのである．

§7. 仕事とエネルギー

私たちは，生きるために水圏あるいは陸域の食物からエネルギーを摂取するし，物資を輸送するためにもたくさんのエネルギーを消費している．遊園地のジェットコースターのように，力が複雑に変化するような運動の場合，力から運動を予測することは難しいが，エネルギーの総和が一定であるという法則を使うと理解しやすい．この節では，エネルギーと仕事の関係，エネルギーの種類，エネルギー保存則を学ぶ．

7・1　力学的仕事

1）仕事の定義

日常では，力を加えて物体を動かす場面は少なくない．このようなとき，力は物体に**（力学的）仕事**をするという．物理で扱う仕事とは，物体に加えた力と，それによる物体の位置の変位の積によって

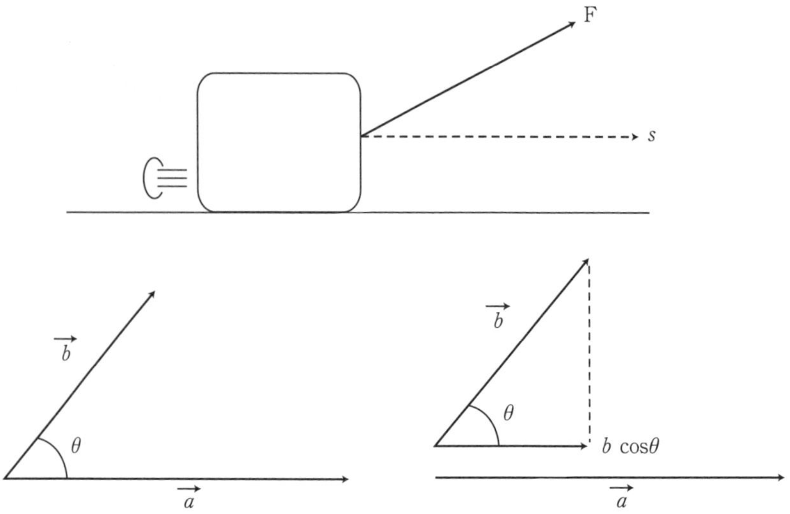

図 3・34

定義される．仕事 W は，加えた力の大きさを F[N]として，力の向きと同じ方向に動いた変位を s[m]とすると，

$$W = F \times s \qquad 式 3・58$$

で定義される．この式から，仕事の単位は，[N・m]の単位で表されることがわかるが，仕事の単位をジュール[J]とよぶ（ただし，1J = 1N・m）．力学で扱う仕事は，日常で使う意味での仕事とは少し異なり，力を加えても物体が動かないときや，単に支えているだけでは力学的な仕事としては 0 である．

上の定義で計算できるのは，力 F の向きと変位の方向が等しい場合だけに限られる．図 3・34 のように，はたらく力の向きと物体の移動方向が異なる場合にも，仕事が計算できるように，仕事の定義を拡張してみよう．そのためには，向きが異なる２つのベクトルの積を考える必要がある．図のように異なる 2 つのベクトル $\vec{a}$，$\vec{b}$ の積を考えるには，$\vec{b}$ を $\vec{a}$ に正射影して，２つのベクトルの向きをそろえてから大きさをかける．これをベクトルの内積とよぶ．内積を「・」で表すと，
となる．すると，仕事の定義式は一般的に次のように表せる．

$$W = F \cdot s = (F\cos\theta) \cdot s = Fs\cos\theta \qquad 式 3・59$$

図 3・35 のように，一方のベクトルを，他方のベクトルへ正射影して向きをそろえてから積を計算

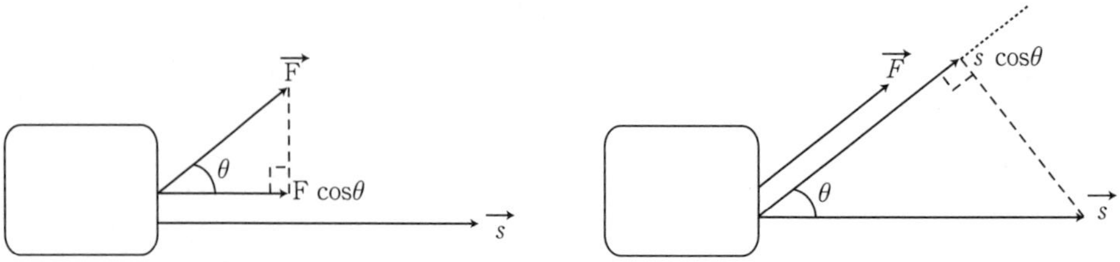

仕事=(力の変位方向成分)×(移動距離)　　仕事=(力の大きさ)×(力の方向の変位成分)

図 3・35

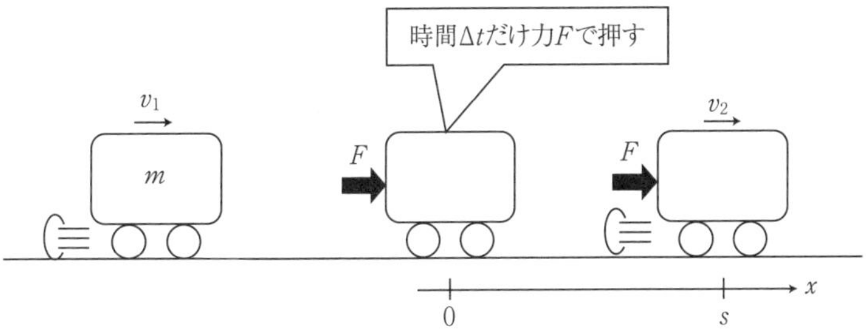

図3・36

すればよい．また，上の定義式で，$\theta = 90°$ のとき，$W = 0$ となるので，加えた力がいくら大きくても，力の向きに物体が動かなければ，その力が仕事をしないことを確かめられる．

2）仕事率

ポンプである量の水を，ある高さまでくみ上げる仕事をするとき，ポンプの能力によっては，水をくみ上げる時間は短時間で済む．このような仕事の時間効率を，時間当たりにする仕事の量で表し，**仕事率**とよぶ．時間 t[s]の間に力が仕事 W[J]をしたとすると，この力の仕事率 P は，

$$P = \frac{W}{t} = \frac{F \cdot \Delta s}{\Delta t} = Fv \quad (\because W = Fs)$$　式3・60

と表せる．この式から仕事率 P の単位は，[J/s]となるが，ふつうはワット（W：ただし 1W = 1J/s）を用いる．このワットという単位は，電気器具の能力の大小を表す消費電力の単位のワットと同じものである．例えば，500[W]のモーターは，1秒当たり500[J]の仕事ができる．

7・2　エネルギー

空気の流れが風車を回して電気を起こす風力発電や，川の水を堰き止め水野落差を利用する水力発電をみれば，物体の運動や落下には仕事をする能力をもつことがわかる．この，仕事をする能力のことをエネルギーという．

1）運動エネルギーと仕事

6・1の図3・31を再び見てみる．速度 v_1 で等速直線運動している質量 m の台車に，進行方向に大きさ F で一定の力を，時間 Δt だけ加えた場合を考える．台車の運動方程式は，右向きの加速度を a とすると，

$$ma = F$$　式3・40

とおける．また，このときの仕事 W を考えると，変位を s とすると（図3・36），

$$W = Fs$$　式3・58

とおける（7・1を参照せよ）．ここで，式3・40の両辺に変位 s をかけると，次式を得る．

$$mas = Fs$$　式3・61

式3･61の左辺に注目すると，加速度 a と変位 s で表されているので，図3･37(a)の $v-t$ グラフから，これら2つの物理量を速度 v を用いて表す．加速度は，グラフの傾きであるので，次式のようにおける．

$$a = \frac{v_2 - v_1}{\Delta t}$$　式3・62

また，台車に力が加わっている間の移動距離，すなわち変位 s は，グラフの塗りつぶした部分の台形の面積となるので，

$$s = \frac{1}{2}(v_1 + v_2)\Delta t \qquad \text{式 3・63}$$

とおけて，式 3・62, 式 3・63 から，

$$as = \frac{v_2 - v_1}{\Delta t}\cdot\frac{1}{2}(v_1 + v_2)\Delta t = \frac{1}{2}v_2^{\,2} - \frac{1}{2}v_1^{\,2} \Leftrightarrow v_2^{\,2} - v_1^{\,2} = 2as \qquad \text{式 3・64}$$

という関係式を得る（この式は，高校の教科書では，等加速度運動の公式として知られている）．また，式 3・64 を，式 3・61 の左辺に代入すると，

$$\frac{1}{2}mv_2^{\,2} - \frac{1}{2}mv_1^{\,2} = Fs = W \qquad \text{式 3・65}$$

という関係式が得られる．式 3・65 の $\frac{1}{2}\cdot mv^2$ の項は，運動エネルギーとよばれる物理量である．ここで，質量 m の台車が，速度 v で台車が運動しているとき，左辺は台車に力を加える前後での運動エネルギーの変化を表している．一方，右辺は外力がした仕事を表している．この関係式を**エネルギーの原理**とよぶ．この式から，台車に与える仕事がゼロのとき，運動エネルギーはゼロとなるので，台車は速度 v_1 で等速運動を続けることになる．しかし，台車に仕事 Fs(W) を加えると，加えた仕事の分だけ運動エネルギーが変化する．運動エネルギーの単位は，式 3・65 から，[kg・(m/s)^2] となるが，これは仕事の単位[J]と等しく，運動エネルギーの単位にも通常は[J]を用いる．

次に，図 3・37(b)のように，台車に加わる力が一定でない，つまり，時々刻々と力が変化する場合の仕事とエネルギーを考える．運動量の変化と同様に（6・1 を参照），運動方程式 $ma = F$ を，次のように数学的に取り扱ってみる．

$$ma = F \text{より，} \quad m\frac{dv}{dt} = F \quad (\because a = \frac{dv}{dt})$$

仕事 W は，グラフの塗りつぶした部分の面積となるので，運動方程式を x について積分すると，

$$(\text{左辺}) = \int_{x_1}^{x_2} m\frac{dv}{dt}dx = \int_{x_1}^{x_2} m\frac{dx}{dt}dv = \int_{x_1}^{x_2} mvdv = \left[\frac{1}{2}mv^2\right]_{x_1}^{x_2} = \frac{1}{2}mv_2^{\,2} - \frac{1}{2}mv_1^{\,2} \qquad \text{式 3・66}$$

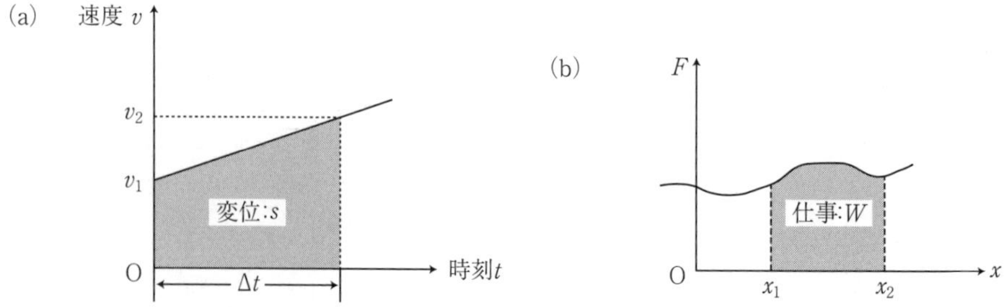

図 3・37

また，

$$(右辺)=\int_{x_1}^{x_2}Fdx=F\left[x\right]_{x_1}^{x_2}=F\Delta s=W \quad (\because \Delta s=x_2-x_1) \qquad 式3・67$$

(左辺)＝(右辺)であることから，

$$\therefore \quad \frac{1}{2}mv_2^2-\frac{1}{2}mv_1^2=W$$ （位置 x_1, x_2 における速度を v_1, v_2 とする）

となる．これをエネルギー積分という．

2）重力による位置エネルギー

図3・38のように，基準面から高さ h[m]の位置にある質量 m[kg]のおもりは，基準面（床）に落下することで，mgh[J]の仕事をすることができ，動滑車の左側の物体を持ち上げる（重力加速度を g [m / s^2]とする）．すなわち，基準面からある高さにある物体はエネルギーをもつといえる．このエネルギーは，物体に重力がはたらいていることによって生じるものであり，また，そのエネルギーの値は，物体が位置する基準面からの高さによって増減する．このエネルギーのことを，重力による位置エネルギー（記号：U[J]）とよび，

$$U = mgh \qquad 式3・68$$

と表される．仕事の定義を思い出すと，(仕事)=(力)×(移動距離：変位）であった．位置エネルギーの場合は，物体を基準面からある高さまで持ち上げるとき，重力に逆らうことで得た仕事が，エネルギーとして蓄えられたものである．

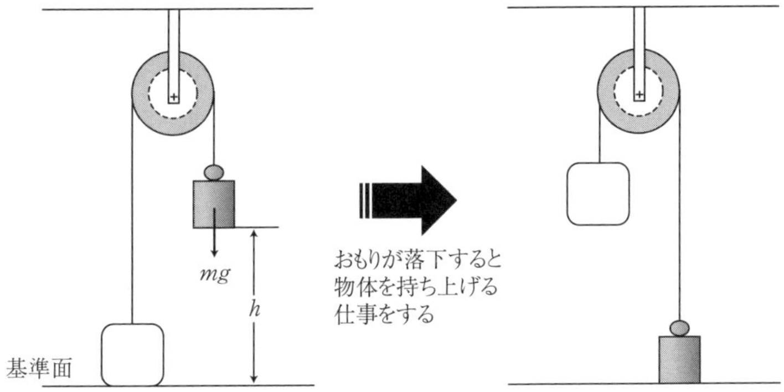

図3・38

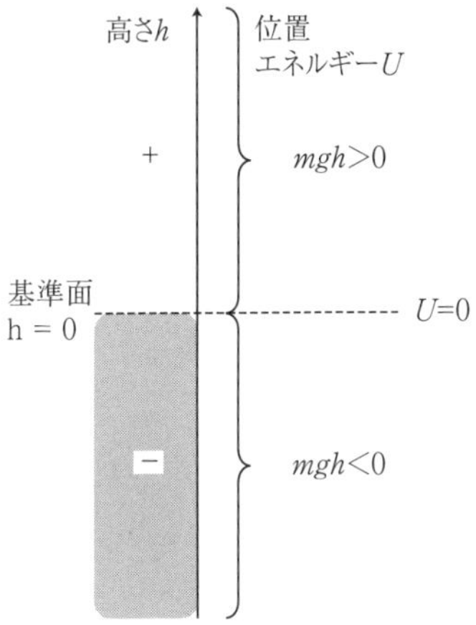

図3・39

図3・39のように，重力による位置エネルギーの基準面（$U = 0$ の位置）は，任意に決めることができる．物体が基準面より上にあるとき，位置エネルギーの値は正となり，基準面より下にあるときは負となる．

7・3　力学的エネルギー保存則

運動エネルギーと位置エネルギーの和を**力学的エネルギー**という．図3・40のような，鉛直投げ上

げ運動を再び考えてみる．物体の質量を m として，位置 x_1 から鉛直上向きに力の大きさ F で投げ上げた場合の加速度を a とすると，物体の運動方程式は，

$$ma = F \qquad \text{式 } 3 \cdot 40$$

となる．また 2・3 より，このとき，物体には常に鉛直下向きの重力が作用するので，重力加速度の大きさを g とおくと，重力 W は

$$W = mg \qquad \text{式 } 3 \cdot 22$$

とおける．鉛直上向きを正と定めると，両式より，この運動における運動方程式は

$$ma = -mg \qquad \text{式 } 3 \cdot 69$$

である．

ここで，式 3・69 のエネルギー積分を考える．

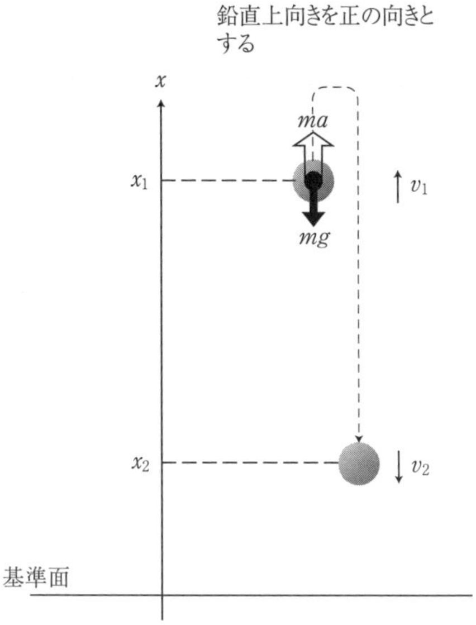

図 3・40

$$ma = -mg \text{ より}, m\frac{dv}{dt} = -mg \quad (\because a = \frac{dv}{dt})$$

ここで，x について積分すると，

$$(\text{左辺}) = \int_{x_1}^{x_2} m\frac{dv}{dt}dx = \int_{x_1}^{x_2} m\frac{dx}{dt}dv = \int_{x_1}^{x_2} mvdv = \left[\frac{1}{2}mv^2\right]_{x_1}^{x_2} = \frac{1}{2}mv_2^2 - \frac{1}{2}mv_1^2 \qquad \text{式 } 3 \cdot 70$$

また，

$$(\text{右辺}) = \int_{x_1}^{x_2}(-mg)dx = \left[-mgx\right]_{x_1}^{x_2} = -(mgx_2 - mgx_1) = mgx_1 - mgx_2 \qquad \text{式 } 3 \cdot 71$$

(左辺) = (右辺)であり，また図より，位置 x_1, x_2 における速度を v_1, v_2 とすると，

$$\frac{1}{2}mv_2^2 - \frac{1}{2}mv_1^2 = mgx_1 - mgx_2 \qquad \text{式 } 3 \cdot 72$$

が得られる．ここで，位置 x_1 における運動エネルギーを K_1，重力による位置エネルギーを U_1，位置 x_2 における運動エネルギーを K_2，重力による位置エネルギーを U_2 と置くと，式 3・72 は以下のように表せる．

$$K_2 - K_1 = U_1 - U_2$$

これは，(運動エネルギーの増加)=(位置エネルギーの減少)

を表している．つまり，高さを失うことによる位置エネルギーの減少が落下速度の増大に伴う運動エネルギーの増大につながったと考えられる．式 3・72 を整理すると，

$$\frac{1}{2}mv_1^2 + mgx_1 = \frac{1}{2}mv_2^2 + mgx_2 = K + U = (\text{一定})$$

と整理されるので，重力だけの作用を受けて物体が運動しているとき（すなわち，摩擦や空気抵抗が仕事をしなければ），力学的エネルギーは増減せず，一定に保たれることになる．このような関係を**力学的エネルギー保存則**という．

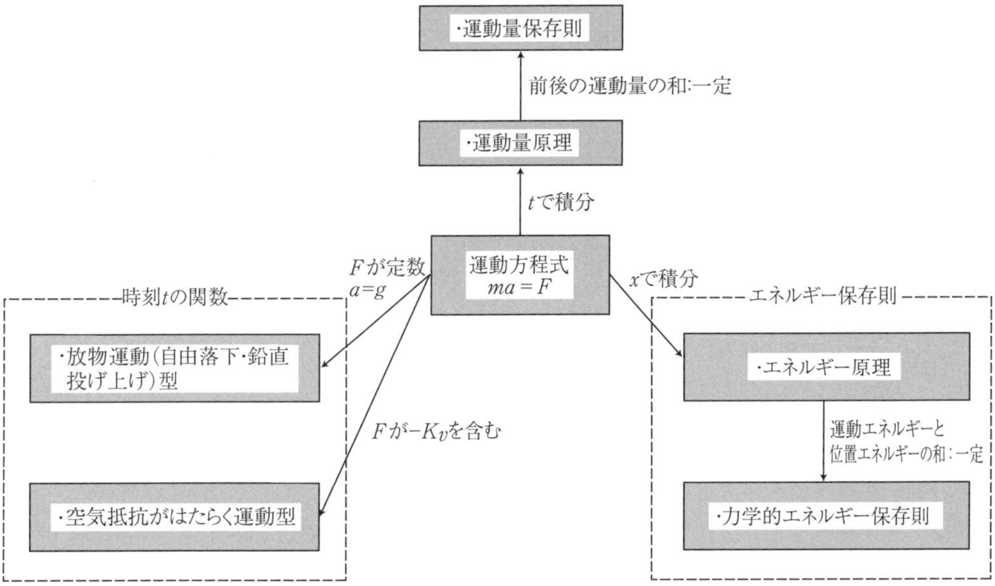

図３・41

［まとめ］ 物体の運動と微積分

これまで学んできたことを整理すると，時間の関数，エネルギー原理・力学的エネルギー保存則，運動量原理・運動量保存則は，運動方程式を中心とした法則体系となっている（図３・41）．力学の各単元を見直すときには，運動方程式を出発点として，矢印で示された式変形をたどりながら，法則体系を構築することが重要．

例えば，１つの物体の運動を考えるときには，主に「時間の関数」と「エネルギー保存則」の左右どちらかの方向に進むとよい．微積分を使い，運動方程式を式変形することで，どちらにも進めるだろう．どちらに進むかは，問われている内容による．力学の法則を，微積分を使って運動方程式から導けるようになると，法則の各公式が式の羅列でなく，構造をもち体系化されていることを理解できるはずだ．

（河邊　玲・高木　力）

第4章　電磁気学

私たちは，研究や勉学において多種多様な電気機器に接する．特に，実験や実習では電気計測装置が使用されているが，データの信頼性を担保する観点から，構造や作動原理を把握することが重要である．その中核が電気に関する知識である．この章ではその基礎となる電磁気学の習得を目的とする．

§1．電気と電荷

物質は最小単位である原子で構成される．図4・1に4価のシリコンの原子モデルを示す．シリコン原子は中心部にある原子核とそのまわりを回る14個の電子から成り，原子核は14個の陽子と中性子から成る．

電子は負（マイナス）の電気を，原子核の陽子は正（プラス）の電気を有する．両者には，正負の違いはあるが電気量の絶対値は同一である．通常のシリコン原子は電子数と陽子数が同数のため電気的には中性である．なお，中性子は電気を有していない．

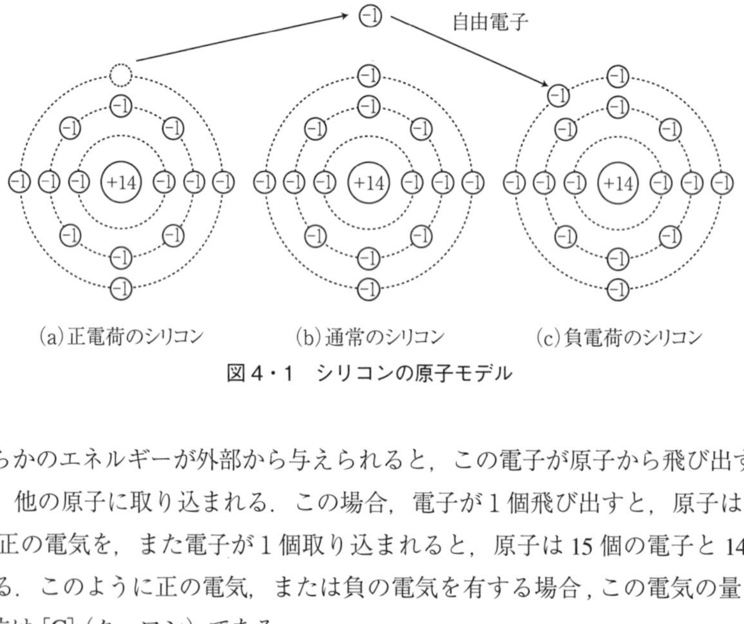

図4・1　シリコンの原子モデル

しかし，何らかのエネルギーが外部から与えられると，この電子が原子から飛び出す．また，飛び出した電子は，他の原子に取り込まれる．この場合，電子が1個飛び出すと，原子は13個の電子と14個の陽子で正の電気を，また電子が1個取り込まれると，原子は15個の電子と14個の陽子で負の電気を有する．このように正の電気，または負の電気を有する場合，この電気の量を電荷という．記号はQ，単位は[C]（クーロン）である．

図4・1に示すように，原子から飛び出した電子を特に自由電子と呼ぶ．また，物質が有する電子はすべて同一のものであり，電子1個の電荷は1.60×10^{-19}C，質量は9.1×10^{-31}kgである．

§2. 静電気と電界

2・1　電荷に関するクーロン力

静電気とは，電子（自由電子）が陽子より過多に存在する，または過少に存在し，静止している状態をいう．

いま，図4・2に示すように，静電気である体積を無視できる電荷（点電荷という）が2個，距離 r [m] 離れているとき，2つの点電荷には F [N] の力が働く．この力は電荷に関するクーロン力といい，2つの電荷の積 $Q_1 \times Q_2$ [C^2] に比例し，距離 r [m] の2乗に反比例する．

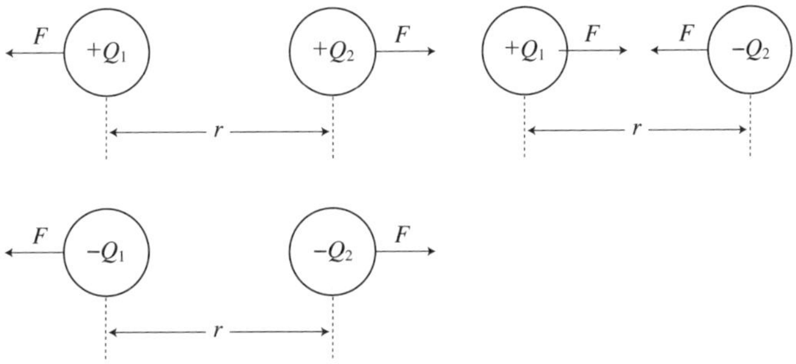

(a)同符号同士の電荷　　(b)異符号同士の電荷

図4・2　静電気のクーロンの法則

図中 (a) の同符号同士の電荷では斥力（お互いに反発しあう力），図中 (b) の異符号同士の電荷では引力（お互いに引きあう力）が働く．このクーロン力は次式で表される．

$$F = \frac{1}{4\pi\varepsilon} \times \frac{Q_1 Q_2}{r^2} \qquad \text{式4・1}$$

上式の ε は誘電率と呼ばれるもので，電荷が存在する空間の物質によって異なる値をもつ．物質の誘電率は真空の誘電率の何倍かで表され，この倍数 ε_r をその物質の比誘電率という．なお，真空の誘電率 ε_0 は 8.85×10^{-12} F/m，空気の比誘電率は約 $\varepsilon_r = 1$ である．以降，物質が明記されない場合，真空の誘電率 $\varepsilon_0 = 8.85 \times 10^{-12}$ F/m を用いる．

$$\varepsilon = \varepsilon_0 \varepsilon_r \qquad \text{式4・2}$$

2・2　電　界

電界とは，ある電荷 Q_1 [C] が存在する空間に，他の電荷 Q_2 [C] を置くと，Q_2 にクーロン力が発生する．このクーロン力が働く空間を電荷 Q_1 がつくる電界（工学分野の用語，物理学では電場という）という．

2・3　電界の強さ

図4・3に示すように，電荷 Q_1 [C] がつくる電界において，任意のA点に1Cの電荷をおいたとき，1Cの電荷に働くクーロン力をA点の電界の強さといい，式4・1に $Q_2=1$ を代入すると，次式が得られる．

$$E = \frac{1}{4\pi\varepsilon_0} \times \frac{Q_1}{r^2} \qquad \text{式4・3}$$

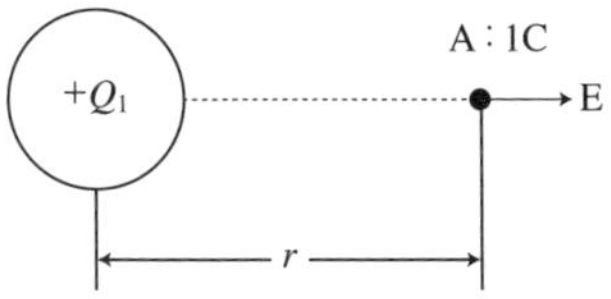

図4・3　電界の強さ

記号は E，単位は [N/C] または [V/m] である．なお，電界の強さ E [V/m] 中に，電荷 Q [C] をおくと，下記のクーロン力 F [N] を受ける．

$$F = QE \qquad \text{式4・4}$$

2・4　電気力線

電気力線（でんきりきせん）とは，電界の強さの様子を視覚的に表した架空の線である．図4・4に例を示した電気力線には，次の4つの特徴がある．

①電気力線は正電荷から出て，負電荷に入る．

②電気力線は互いに交差しない．

③任意の点における電気力線の接線は，電界の強さの方向と向きを示す．

④電気力線の密度は電界の強さを示す．

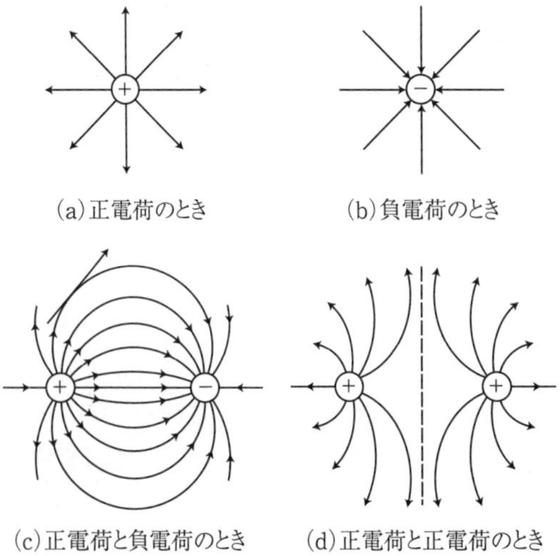

図4・4電気力線の例

2・5　電気力線と電界の関係

図4・5に示すように，n本の電気力線が面積1［m²］に垂直に交わるとき，電気力線密度はn［本/m²］，この断面積における電界の強さは同一のn［V/m］であるとする．

電気力線密度n［本/m²］＝電界の強さn［V/m］　　式4・5

次に，図4・6に電荷$+Q$［C］を中心とする半径r［m］の仮想の球体を考える．半径r［m］の球体面における電界の強さE［V/m］は，式4・3から次式で表さる．

$$E=\frac{1}{4\pi\varepsilon_0}\times\frac{Q}{r^2}$$　式4・6

この電界の強さは電気力線密度に等しいので，電気力線密度はE［本/m²］になる．したがって，電荷Q［C］から放射される電気力線の総数n［本］は，電気力線密度と表面積の積なので，半径r［m］の球の表面積をS［m²］とすると，次式で示される．

$$n=ES=\frac{1}{4\pi\varepsilon_0}\times\frac{Q}{r^2}\times4\pi r^2=\frac{Q}{\varepsilon_0}$$　式4・7

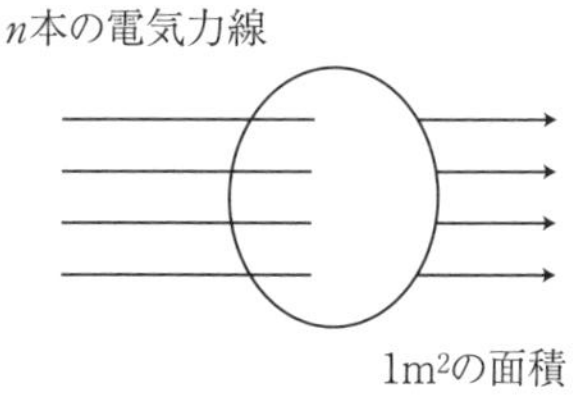

図4・5　電気力線密度

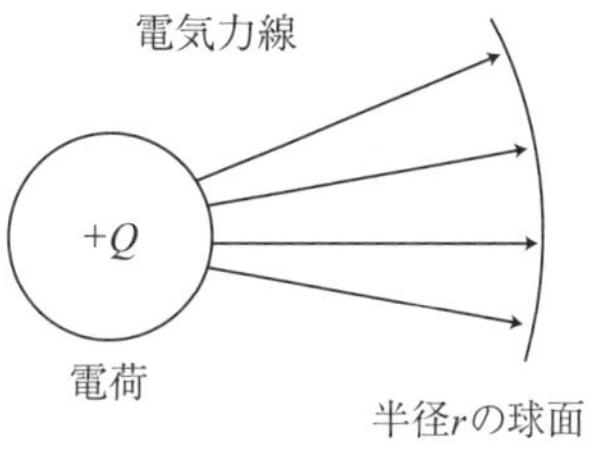

図4・6　電荷による電気力線

式4・7により，電荷$+Q$［C］から放射される電気力線はQ/ε_0［本］になる．しかし，電荷が存在する空間が誘電体の場合は，その物質により誘電率が異なるため，電気力線の数が異なることになる．

これらの結果から，ガウスの定理が導き出される．

ガウスの定理とは，電荷Q［C］と，その電荷を囲む閉曲面S上の表面につくる電界の強さE［V/m］とを結びつける定理（式4・7）である．

$$\Phi=\iint_S EdS=\frac{Q}{\varepsilon_0}$$　式4・8

Sに関する二重積分は，閉曲面に垂直な電界の強さに関する面積積分を意味する．また，閉曲面線内に複数の電荷が存在する場合，電荷の総和をQに代入すればよい．したがって，式4・7は，式4・8に示されたガウスの定理において，閉曲面を球体としたものであるから，当然のことながら閉曲面と電界の強さは垂直な関係にある．

2・6　電束と電束密度

誘電率が異なると，電気力線の数も異なる．この不具合を解決するため，電荷$+Q$［C］から放射される電気力線$1/\varepsilon_0$本を1本に束ねることにより，誘電率が異なっても，電荷$+Q$［C］からはQ［本］

が放射されるとする考え方を導入する．これは，電気力線および電気力線密度に代わって電束および電束密度を導入するものである．電束の記号はΨ(プサイ)，単位は [C]，電束密度の記号はD，単位は [C/m^2] である．

球体の場合には，式4・7で示した$n = Q/\varepsilon_0$より次式が得られる．

$$\Psi = \frac{n}{\frac{1}{\varepsilon_0}} = \varepsilon_0 n = \varepsilon_0 \frac{Q}{\varepsilon_0} = Q \qquad 式4・9$$

また，半径r [m] の球体の表面積は$4\pi r^2$であり，電束密度をDとすると電束Ψは式4・10の電束密度と表面積の積で表される．したがって，電束密度と電界の強さの関係は式4・11で表される．

$$\Psi = 4\pi r^2 D = Q \qquad 式4・10$$

$$D = \frac{Q}{4\pi r^2} = \varepsilon_0 E \qquad 式4・11$$

2・7　電　位

図4・7に示すように，電荷$+Q$ [C] がつくる電界内において，単位電荷1CをA点におくと，単位電荷は次式で示すクーロン力F [N] を受ける．

$$F = QE = \frac{1}{4\pi\varepsilon_0}\frac{Q}{r^2} \qquad 式4・12$$

この単位電荷を電荷$+Q$から無限遠に離れたところからA点に移動させるとき，このクーロン力に逆らってした仕事をA点の電位と定義する．記号はV，単位は [V] である．

微小距離dr間になす仕事をdWとすると，

$$dW = -Fdr = -QEdr \qquad 式4・13$$

よって，A点の電位は次式で表される．

$$V = W_{\infty A} = -\int_{r_\infty}^{r_A} QEdr = -\frac{Q}{4\pi\varepsilon_0}\int_{r_\infty}^{r_A}\frac{1}{r^2}dr$$

$$= \frac{Q}{4\pi\varepsilon_0 r_A} \qquad 式4・14$$

また，B点からA点まで単位電荷を運ぶときの電位を電位差という．

$$V_{BA} = W_{\infty A} - W_{\infty B} = \frac{Q}{4\pi\varepsilon_0 r_A} - \frac{Q}{4\pi\varepsilon_0 r_B} = \frac{Q}{4\pi\varepsilon_0}\left(\frac{1}{r_A} - \frac{1}{r_B}\right) \qquad 式4・15$$

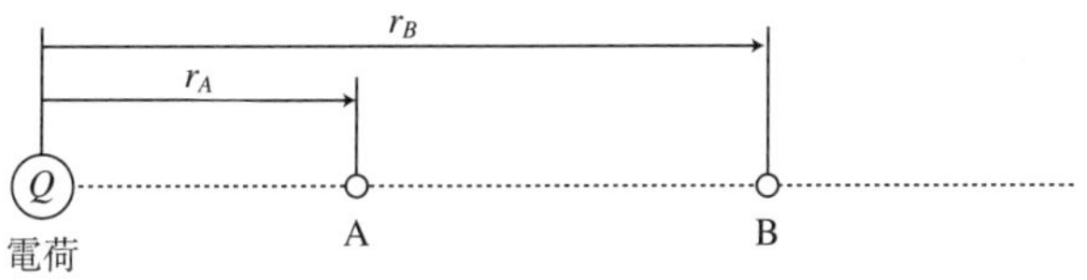

図4・7　電位および電位差

2・8　静電誘導

静電誘導とは，図4・8に示すように，(a) 電気的に安定な導体（電線などのように電荷が移動できる物体：正負電荷が同数）に，(b) 正電荷（または負電荷）を有する物体を近づけると，導体内では物体の近傍に負電荷（正電荷）が，反対側に正電荷（負電荷）が移動することである．(c) 正電荷側（負電荷側）を大地に接続すると導体内の正電荷（負電荷）が大地に逃げ，導体は負電荷（正電荷）のみが残留する．この大地に接続することを接地する，またはアースするという．

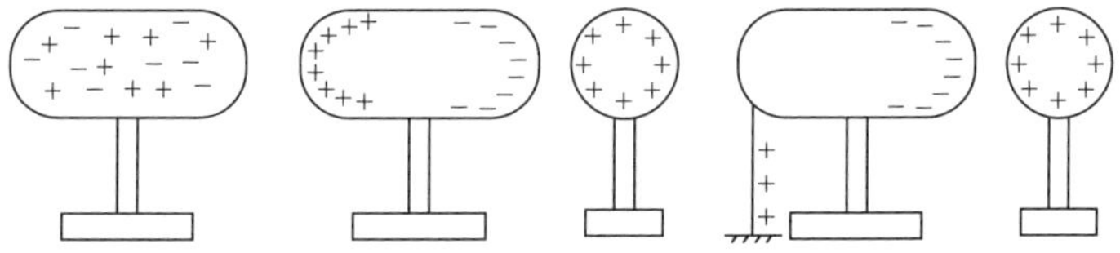

図4・8　静電誘導

2・9　キャパシタと静電容量

キャパシタとは，電荷を貯めることのできる電気素子である．図4・9に示すように，並行する2枚の金属板に，誘電体を挟んだ構造である．このとき，両金属板に加える電圧 V [V] と貯められる電荷 Q [C] の関係は次式で表される．

$$Q = CV \qquad \text{式4・16}$$

C は比例係数であり，静電容量という．記号は C, 単位は [F]（ファラッド）である．10^{-6}F を 1μF，10^{-12}F を 1pF という．

なお，誘電体とは，電気を通さない物体で，高誘電率のものをいう．

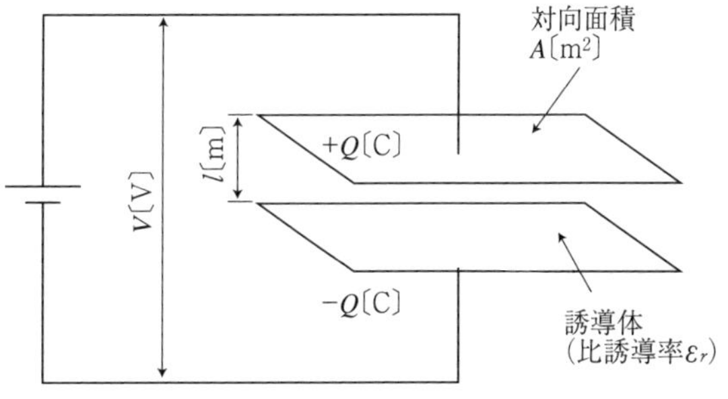

図4・9　キャパシタ

金属板の面積を A [m^2]，誘電体の誘電率を ε とすると，静電容量 C [F] は面積に比例し，電極間距離に反比例する．

$$C = \varepsilon \frac{A}{l} \qquad \text{式4・17}$$

2・10　キャパシタの合成静電容量

合成静電容量とは，複数のキャパシタを接続したときの静電容量を，1 個のキャパシタに置き換えたときの静電容量である．接続方法により直列接続と並列接続がある．

1）　直列接続

直列接続とは，図 4･10 (a) に示す接続方法である．両キャパシタに貯められる電荷 Q が共通なので，

$$V_1 = \frac{Q}{C_1}$$ 式 4・18

$$V_2 = \frac{Q}{C_2}$$ 式 4・19

$V = V_1 + V_2$ より

$$V = \frac{Q}{C_1} + \frac{Q}{C_2} = \left(\frac{1}{C_1} + \frac{1}{C_2}\right)Q$$ 式 4・20

したがって，合成静電容量 C は，次式で表される．

$$\frac{1}{C} = \frac{1}{C_1} + \frac{1}{C_2} = \frac{C_1 + C_2}{C_1 C_2}$$

$$C = \frac{C_1 C_2}{C_1 + C_2}$$ 式 4・21

直列接続によりキャパシタの耐圧（掛けられる最大電圧）を上げることができる．

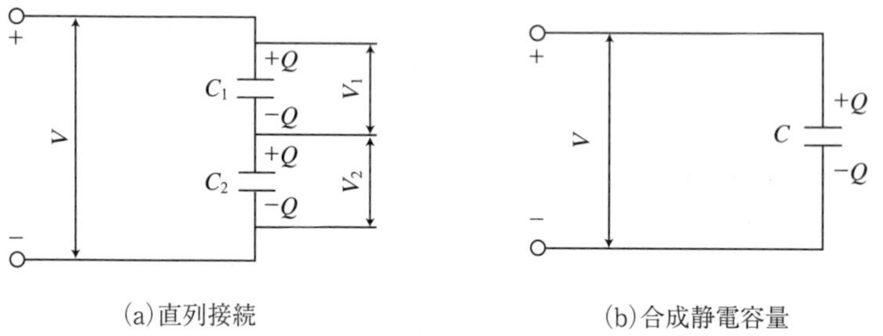

図 4・10　キャパシタの直列接続

2）　並列接続

並列接続とは，図 4・11 (a) に示す接続方法である．並列接続では両キャパシタにかかる電圧 V が共通なので，

$$Q_1 = C_1 V$$ 式 4・22

$$Q_2 = C_2 V$$ 式 4・23

$Q = Q_1 + Q_2$ より

$$= C_1 V + C_2 V$$

$$= (C_1 + C_2)\,V$$ 式 4・24

したがって，合成静電容量 C は，次式で表される．

$$C = C_1 + C_2 \qquad \text{式 4・25}$$

結局，並列接続により静電容量を増すことができる．

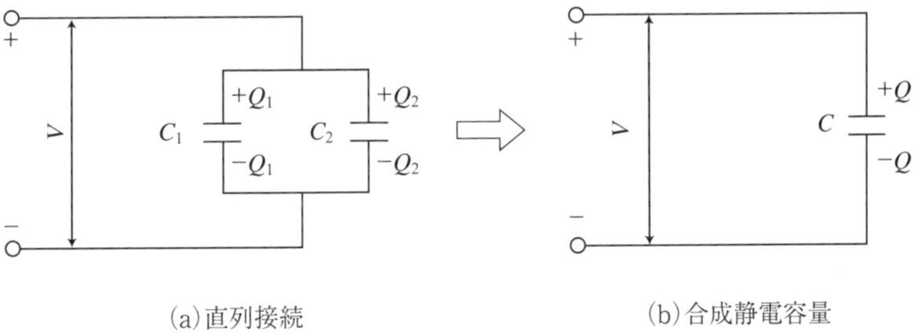

図 4・11　キャパシタの並列接続

§3. 電流および電圧

3・1　電気回路

図 4・12 (a) は，携帯ライトを構成部品の乾電池，電球，電線で表したものである．このように，ある目的（電球の点灯）を達成するために，部品を電線で接続し，構成したものを電気回路という．ここで，乾電池のように電気を発生する部品を一般に電源，電球のように電気を消費する部品を一般に負荷という．

この電気回路を，図 4・12 (b) のように記号や線などを用いて表したものを電気回路図という．

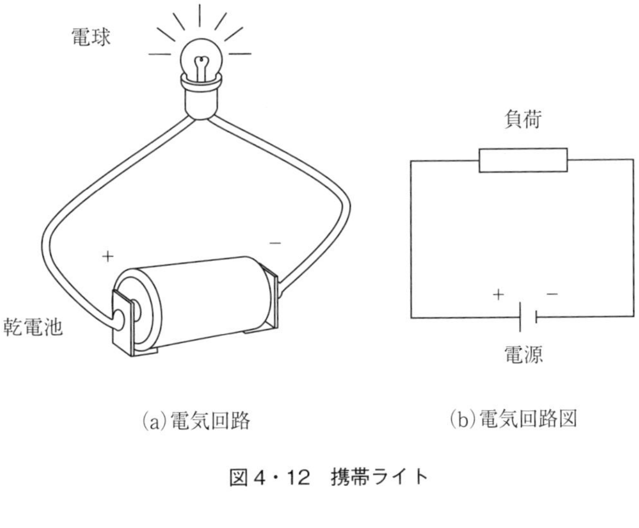

図 4・12　携帯ライト

3・2　電流，電圧

図4・13は，図4・12に示した携帯ライトの電気モデルである．乾電池で勢いを増した電子は，乾電池の負極から押し出され，電球を通り，乾電池の正極に戻ってくる．この理由は，電子は負電荷なので，乾電池の正極，すなわち正電荷側に引き寄せられるからである．

電流とは，自由電子の集団の一方向かつ連続的な流れのことである．電流の流れる方向は，電子の流れとは逆の方向と定義する．乾電池を基に考えると，電流は乾電池の正極から出て，負極に戻るように流れ，単位時間に通過する電荷 Q [C] で，次式で表される．記号は I，単位は [A]（アンペア）である．

$$I = \frac{Q}{t} \qquad \text{式4・26}$$

電圧（電位差ともいう．）とは，図4・13において，乾電池から電子を押し出す力といえる．記号は V，単位は [V] である．なお，式4・14の電位および式4・15の電位差と同じ単位である．

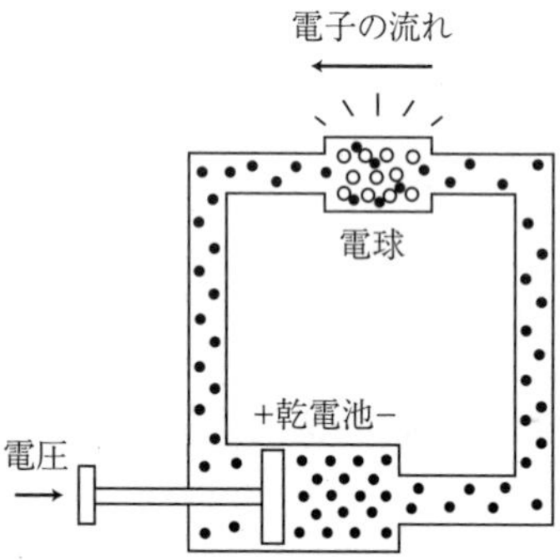

(a)電気モデル

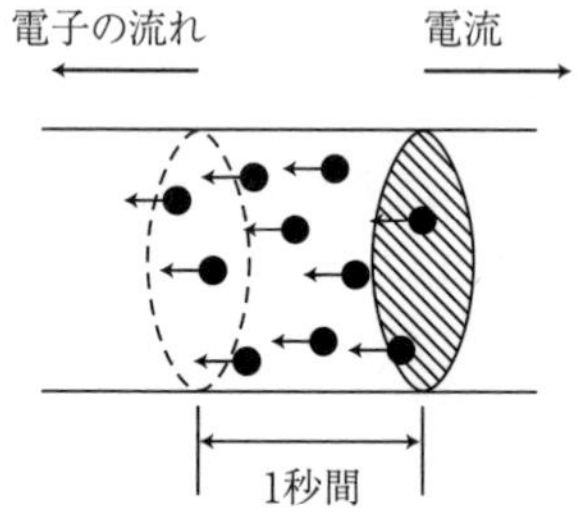

(b)任意の位置の電子の流れ

図4・13　携帯ライトの電気のモデル

§4. 直　流

4・1　直　流

直流とは，図4・14に示すように，時間に対して電圧または電流が一定である場合である．

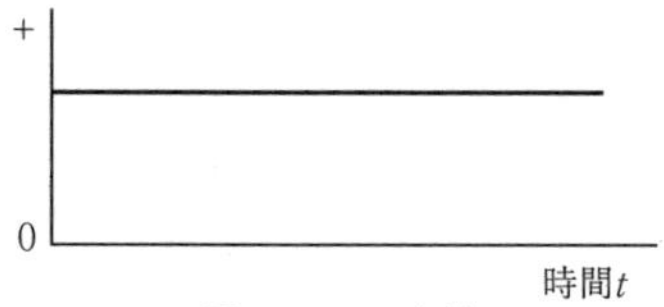

図4・14　直流

4・2　抵　抗

電球には電流の流れを妨げる働きがあり，この働きを抵抗という．記号は R または r，単位は [Ω]（オーム）である．また，抵抗の逆数は，電流の流れやすさを示す物理量であり，コンダクタンスという．記号は G，単位は［S］（ジーメンス）である．

図4・13に示すモデル図では，抵抗は電球内の複数の○印で示され，これに●印の電子が衝突して流れが妨げられる．なお，電線には抵抗はほとんどない．したがって，この回路の任意の位置において，単位時間に通過する電荷は，回路中のどの位置でも同じである．

抵抗 R［Ω］の値は，図4・15に示すように，長さ L［m］に比例し，断面積 S［m^2］に反比例する．このときの比例定数を抵抗率 ρ［Ωm］という．したがって，抵抗率とは，断面積 $1m^2$，長さ1mの物資の抵抗といえる．また，その逆数を導電率といい，電流の流れやすさを示す．記号は σ，単位は［1/Ωm］，［S/m］（ジーメンス・パー・メートル）である．

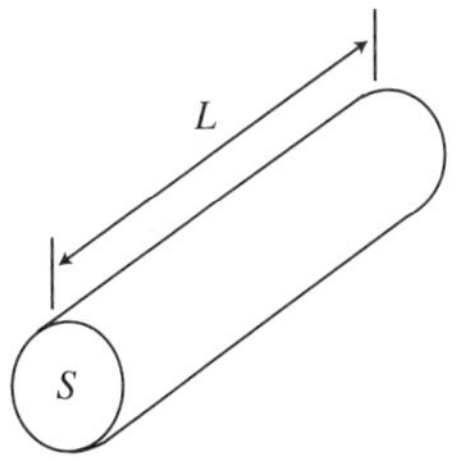

図4・15　抵抗の大きさ

$$R = \rho \frac{L}{S}$$ 式4・27

電流が流れやすい物質を導体といい，金属類が該当する．逆に電流が流れにくい物質を絶縁体または不導体といい，ガラス，雲母，陶磁器，空気などがある．また，導体と絶縁体の中間の性質を有するものが半導体であり，電子部品の原料に利用される．

4・3　オームの法則

オームの法則とは，図4･16の電気回路において，電圧 V［V］，電流 I［A］，抵抗 R［Ω］，コンダクタンス G［S］の関係を示す法則であり，その関係を次式で表す．

$$I = \frac{V}{R} = GV$$ 式4・28

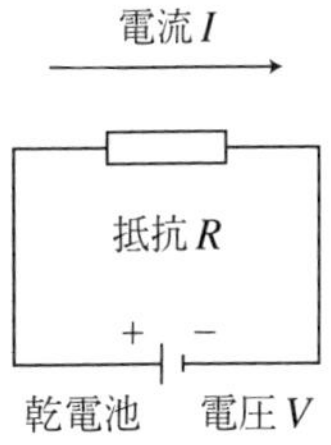

図4・16　電気回路

4・4　合成抵抗

合成抵抗とは，複数の抵抗を接続したとき，1個の抵抗に置き換えたものである．接続方法により直列接続と並列接続がある．

1)　直列接続

直列接続とは，図4･17に示す接続方法である．直列接続では両抵抗に流れる電流 I が共通なので，

$$V_1 = R_1 I$$ 式4・29　　$$V_2 = R_2 I$$ 式4・30

$V = V_1 + V_2$ より

$$V = R_1 I + R_2 I = (R_1 + R_2)\ I = RI$$ 式4・31

$$R = R_1 + R_2$$ 式4・32

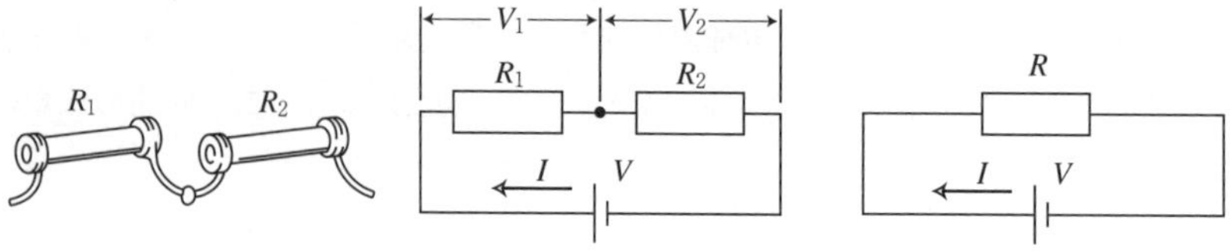

(a)接続方法　(b)電気回路　(c)合成抵抗

図4・17　抵抗の直列接続

2)　並列接続

並列接続とは，図4・18に示す接続方法である．並列接続では両抵抗にかかる電圧 V が共通なので，

$$I_1 = \frac{V}{R_1} \qquad \text{式 4・33}$$

$$I_2 = \frac{V}{R_2} \qquad \text{式 4・34}$$

$I = I_1 + I_2$ より

$$I = \frac{V}{R_1} + \frac{V}{R_2} = V\left(\frac{1}{R_1} + \frac{1}{R_2}\right) = V\left(\frac{R_1 + R_2}{R_1 R_2}\right) \qquad \text{式 4・35}$$

$$R = \frac{R_1 R_2}{R_1 + R_2} \qquad \text{式 4・36}$$

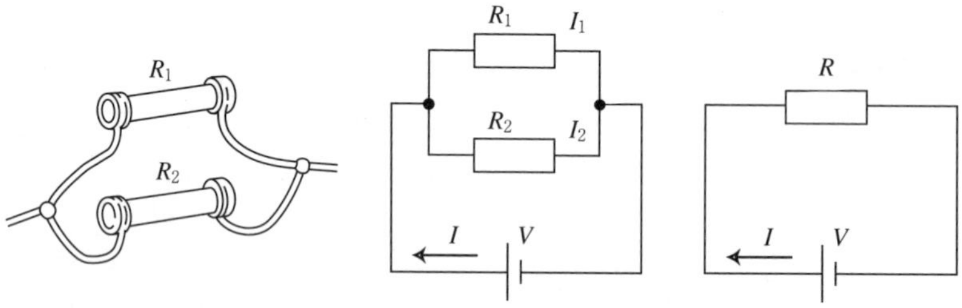

(a)接続方法　(b)電気回路　(c)合成抵抗

図4・18　抵抗の直列接続

4・5　キルヒホッフの法則

キルヒホッフの法則とは，未知の電流を求める解法の一つである．一例として図4・19に示す少し複雑な回路を考える．この場合，未知の電流は3つ存在するので，3元連立方程式を立てる必要がある．なお，電流の方向は図のように設定する．

1) キルヒホッフの第1法則（電流法則）

回路中の1点において，入出流する電流の代数和はゼロである．

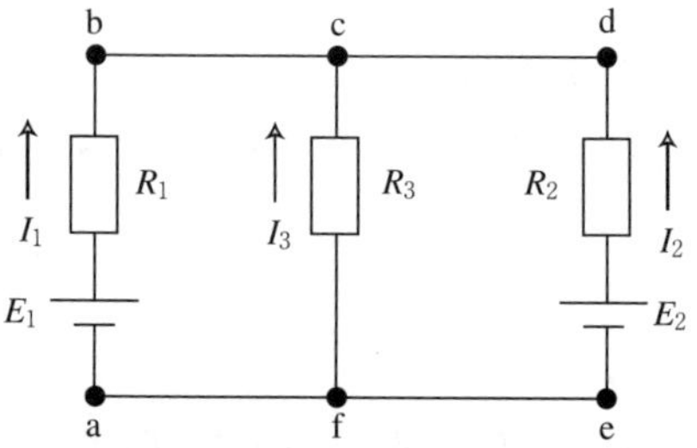

図4・19　キルヒホッフの法則の説明

$$\sum_{k=1}^{3} I_k = 0 \quad \text{式4・37}$$

図4・20のc点に着目し，流入する電流を正，流出する電流を負として代数和を求める．この場合の代数和は次式で示される

$$I_1 + I_2 + I_3 = 0 \quad \text{式4・38}$$

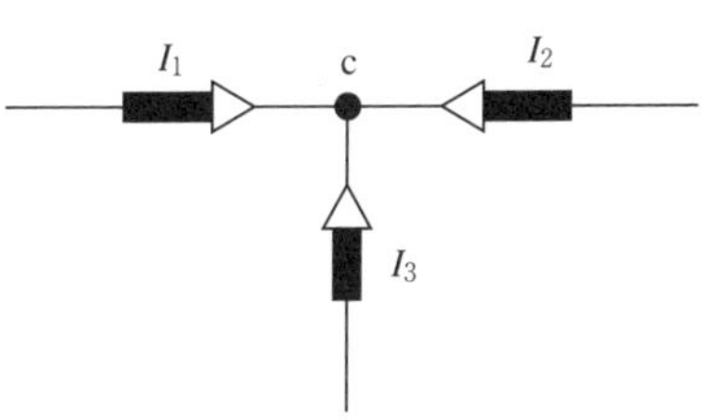

図4・20　c点における電流

2）キルヒホッフの第2法則（電圧法則）

回路中の1つの任意の閉路内において，電源の電圧の和はその閉路に生じる電圧降下の和に等しい．

$$\sum_{i=1}^{N} V_i = \sum_{i=1}^{N} I_i R_i \quad \text{式4・39}$$

①閉回路a－b－c－f

任意の閉回路としてa－b－c－fを考える．電圧降下の方向を図4・21に示す点線のように時計方向とする．

$$E_1 = I_1 R_1 - I_3 R_3 \quad \text{式4・40}$$

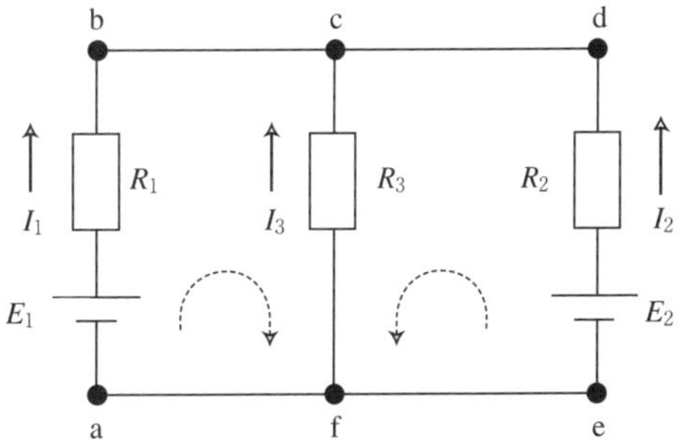

図4・21　電圧降下の方向

なお，R_1を流れる電流は，電圧降下の方向と最初に設定した方向が一致するので正，R_3を流れる電流は，逆なので負とする．

②閉回路e－d－c－f

任意の閉回路としてe－d－c－fを考える．電圧降下の方向を図4・21に示す点線のように反時計方向とする．

$$E_2 = I_2 R_2 - I_3 R_3 \quad \text{式4・41}$$

なお，R_2を流れる電流は，電圧降下の方向と最初に設定した方向が一致するので正，R_3を流れる電流は逆なので負とする．

上記で立てた3式の連立方程式を解き，I_1，I_2，I_3を求める．ただし，求めた各電流が負値をとる場合は，最初に設定した電流の方向に対して逆方向であることを意味する．

4・6　電気エネルギー，電力量および電力

電気エネルギーとは，電気が電気機器に行わせた仕事のことである．電気工学では，これを電力量といい，記号はW，単位は[J]であり，[Ws]または[Wh]も用いられる．いま，電圧V[V]を加え，電荷Q[C]が移動したときの電力量W[Ws]は，次式で表される．

$$W = VQ = VIt$$ 式 4・42

電力とは，単位時間当たりの電力量であり，記号は P，単位は [W] である．電力は電気機器の抵抗を R [Ω] とすると，式 4・42 および式 4・28 により次式で表される．

$$P = \frac{W}{t} = \frac{VIt}{t} = VI = \frac{V^2}{R} = RI^2$$ 式 4・43

§5. 磁界と電流

5・1　磁　石

磁石（棒磁石）は，図 4・22 に示すように，両端に N 極と S 極を有し，同符号同士の磁石は斥力が，異符号同士の磁石は引力が働く．このような現象を磁性といい，その原因を磁気という．また，棒磁石の両端にある N 極と S 極を磁極という．

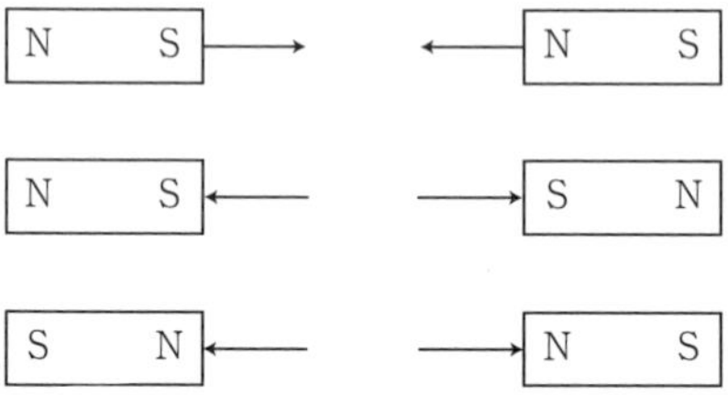

図 4・22　磁石

なお，この棒磁石を細かく分割しても，個々の分割片には必ず N 極および S 極が一対で存在する．これを磁気双極子という．

5・2　磁　荷

磁荷とは，N 極と S 極の磁極が帯びている磁気の量（磁極の強さ）である．記号は m, 単位は [Wb]（ウェーバ）である．N 極の磁荷は正，S 極は負とし，電気における電荷に対応するものである．

5・3　磁気に関するクーロン力

いま，図 4・23 に示すように，体積を無視できる磁荷（点磁荷という）が 2 個，距離 r [m] 離れているとき，2 つの点磁荷には F [N] の力が働く．

この力は，式 4・1 の電荷に関するクーロン力と同じ形になるので，磁気に関するクーロン力（磁力，磁気力ともいう）といい，2 つの磁荷の積 $m_1 \times m_2$ [Wb^2] に比例し，距離 r [m] の 2 乗に反比例する．

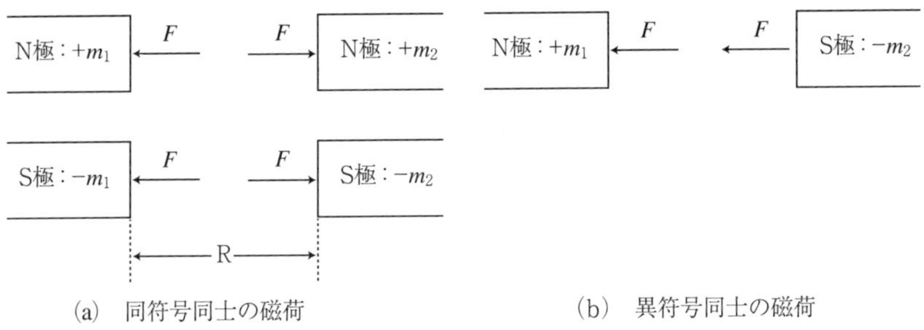

図4・23　磁荷に関するクーロンの法則

図中（a）の同符号同士の磁荷では斥力，図中（b）の異符号同士の磁荷では引力が働く．このクーロン力は次式で表される．

$$F = \frac{1}{4\pi\mu} \times \frac{m_1 \cdot m_2}{r^2} \qquad \text{式}4\cdot44$$

上式のμは透磁率と呼ばれ，磁荷が存在する空間の物質によって異なる値をもつ．物質の透磁率は真空の透磁率の何倍かで表され，この倍数μ_rをその物質の比誘電率という．なお，真空の透磁率μ_0は1.26×10^{-6}H/mであり，以降，物質が明記されない場合，この真空の透磁率μ_0を用いる．

$$\mu = \mu_0\mu_r \qquad \text{式}4\cdot45$$

5・4　磁　界

磁界とは，ある磁荷m_1[Wb]が存在する空間に，他の磁荷m_2[Wb]をおくと，m_2にクーロン力が発生する．このクーロン力が働く空間を磁荷m_1がつくる磁界（工学分野の用語，物理学分野では磁場という）という．

5・5　磁界の強さ

図4・24に示すように，磁荷m_1[Wb]がつくる磁界において，任意のA点に1Wbの磁荷をおいたとき，1Wbの磁荷に働くクーロン力をA点の磁界の強さといい，式4・41に$m_2 = 1$を代入すると次式が得られる．

$$H = \frac{1}{4\pi\varepsilon_0} \times \frac{m_1}{r^2} \qquad \text{式}4\cdot46$$

記号はH，単位は[A/m]である．なお，磁界の強さH[A/m]中に，磁荷m[Wb]をおくと，下記のクーロン力F[N]を受ける．

$$F = mH \qquad \text{式}4\cdot47$$

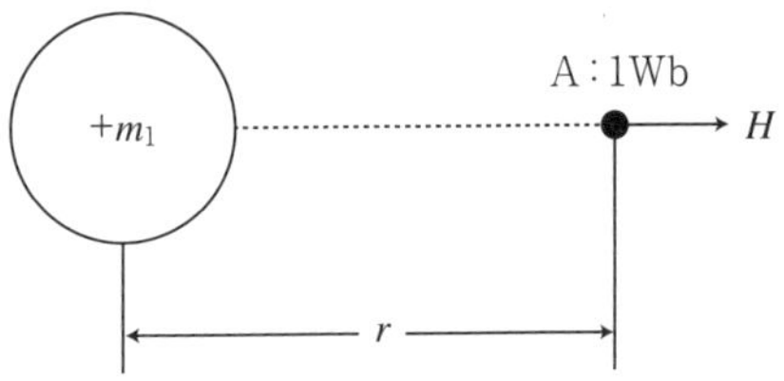

図4・24　磁界の強さ

5・6　磁力線

磁力線とは，磁界の強さの様子を視覚的に表した架空の線である．図 4·25 に例を示した磁力線には，次の 4 つの特徴がある．

①磁力線は正磁荷から出て，負磁荷に入る．

②磁力線は互いに交差しない．

③任意の点における磁力線の接線は，磁界の強さの方向と向きを示す．

④磁力線の密度は磁界の強さを示す．

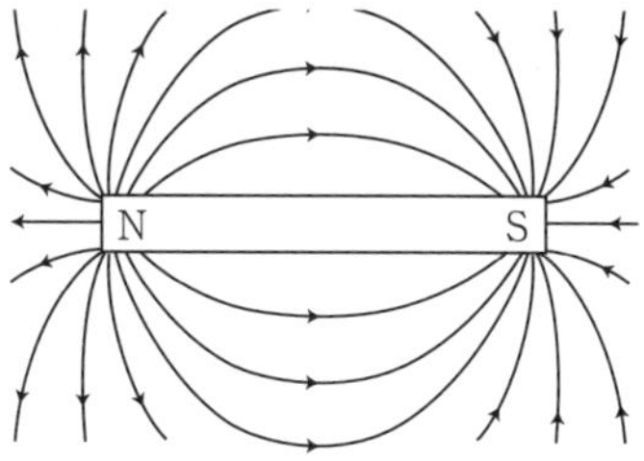

図 4・25　磁力線の例

5・7　磁力線と磁界の関係

図 4・26 に示すように，N 本の磁力線が面積 1 [m^2] に垂直に交わるとき，磁力線密度を N [本/m^2]，この断面積における磁界の強さは同一の N [A/m] であるとする．

磁力線密度 N [本 /m^2] ＝ 磁界の強さ N [A/m]　　式 4・48

つぎに，図 4・27 に示す磁荷 $+m$ [Wb] を中心とする半径 r [m] の仮想の球体を考える．半径 r [m] の球体面における磁界の強さ H [A/m] は，式 4・46 から次式で表される．

$$H = \frac{1}{4\pi\mu_0} \times \frac{m}{r^2}$$　式 4・49

この磁界の強さは磁力線密度に等しいので，磁力線密度は H [本/m^2] になる．したがって，磁荷 m [Wb] から放射される磁力線の総数 N [本] は，磁力線密度と表面積の積なので，半径 r [m] の球の表面積を S [m^2] とすると，次式で示される．

$$N = HS = \frac{1}{4\pi\mu_0} \times \frac{m}{r^2} \times 4\pi r^2 = \frac{m}{\mu_0}$$　式 4・50

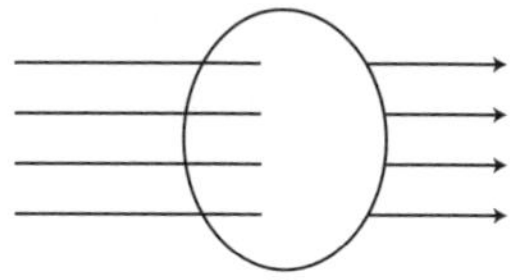

図 4・26　磁力線密度

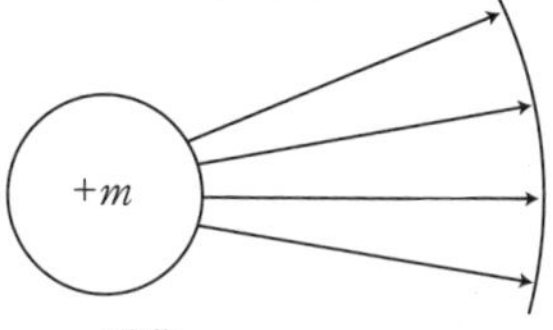

図 4・27　磁荷による磁力線

式 4・50 により，磁荷 m [Wb] から放射される磁力線は H/μ_0 [本] である．しかし，磁荷が存在する空間では，その物質により透磁率が異なるため，磁力線の数が異なることになる．

これらの結果から，ガウスの定理が導き出される．

ガウスの定理とは，磁荷 m [Wb] と，その磁荷を囲む閉曲面 S 上の表面につくる磁界の強さ H [A/m] とを結びつける定理，式 4・51 である．

$$N = \iint_S HdS = \frac{m}{\mu_0}$$ 式4・51

Sに関する二重積分は，閉曲面に垂直な磁界の強さに関する面積積分を意味する．また，閉曲面線内に複数の磁極が存在する場合，磁極の総和をmに代入すればよい．したがって，式4・50は，式4・51示されたガウスの定理において，閉曲面を球体としたものであるから，当然のことながら閉曲面と磁極の強さは垂直な関係にある．

以上の説明は，点電荷のときと同じように，点磁荷を基にした考え方である．しかし，N極またはS極が単独で存在する磁極は見つかっていない．閉曲面内にある磁荷も必ずN極とS極が一対で存在するので，閉曲面から出ていく磁束はゼロである．したがって，磁界に関するガウスの定理は次式で示される．

$$N = \iint_S HdS = 0$$ 式4・52

5・8　磁束と磁束密度

透磁率が異なると，磁力線の数も異なる．この不都合を解決するため，磁荷m[Wb]から放射される磁力線$1/\mu_0$本を1本に束ねることにより，透磁率が異なっても，磁荷m[Wb]からm[本]が放射されるとする考え方を導入する．そして，磁力線および磁力線密度に代わって磁束および磁束密度を導入する．磁束の記号はΦ（ファイ），単位の記号は[Wb]，磁束密度はB，単位は[T]（テスラ）である．

球体の場合，式4・50で示した$N = m/\mu_0$より次式が得られる．

$$\Phi = \frac{N}{\frac{1}{\mu_0}} = \mu_0 N = \mu_0 \frac{m}{\mu_0} = m$$ 式4・53

また，半径r[m]の球体の表面積は$4\pi r^2$であり，磁束密度をBとすると磁束Φは，式4・54の磁束密度と表面積の積で表される．したがって，磁束密度と磁界の関係は式4・55で表される．

$$\Phi = 4\pi r^2 B = m$$ 式4・54

$$B = \frac{m}{4\pi r^2} = \mu_0 H$$ 式4・55

5・9　電流がつくる磁界

磁界をつくる最も簡単な方法は，磁石を用いることである．しかし，磁界を必要なとき，必要な強さだけを得るには，電流を用いる方法が一般的である．

電線に電流が流れると，その周辺に磁界が発生する．その方向は図4・28のように，電流が流れる方向をみて時計方向に磁束が生じる．これをアンペアの右ネジの法則という．

磁界の強さの求め方には2つの方法がある．

1）アンペアの周回積分の法則

アンペアの周回積分の法則とは，電流のつくる磁界中で一方向に一周するとき，円周の細分化した各部分の磁界の強さ H [A/m] と，その長さ dl [m] の積の合計は，電流 I [A] に等しいとするものである．

$$\oint Hdl = I \qquad \text{式 4・56}$$

図4・28に示すような，直線電線に流れる電流を I [A]，電線からの距離 r [m] の磁界の強さ H [A/m] は，式4・56により次式で示される．

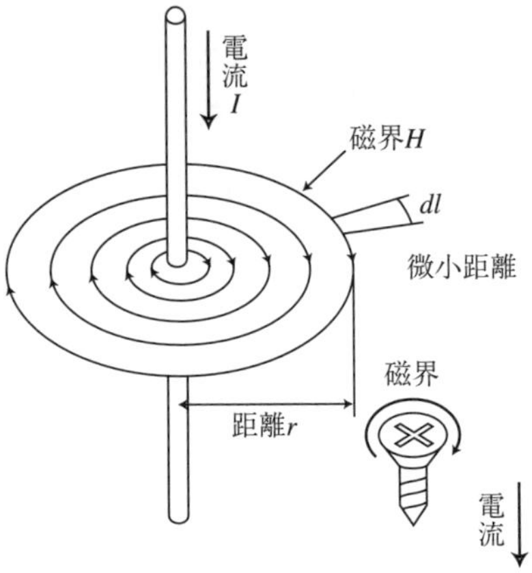

図4・28　周回積分の法則

$$2\pi rH = I \qquad \text{式 4・57}$$

$$\therefore H = \frac{I}{2\pi r} \qquad \text{式 4・58}$$

2）ビオ・サバールの法則

ビオ・サバールの法則とは，図4・29に示すように，微小距離に流れる電流がつくる磁界を示したものである．

$$H = \int \frac{I\sin\theta}{4\pi r^2} dl \qquad \text{式 4・59}$$

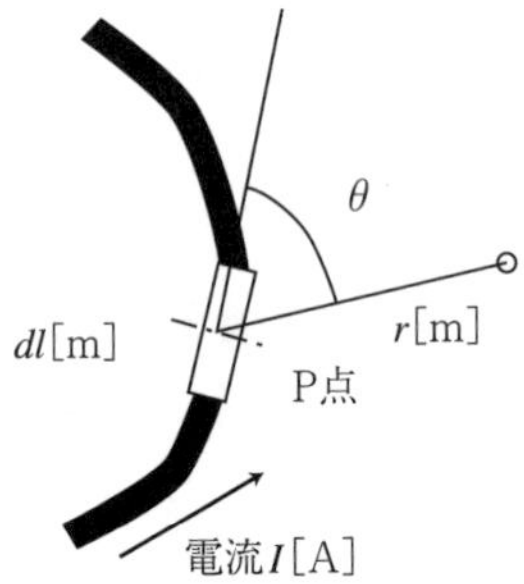

図4・29　ビオ・サバールの法則

図4・30の円形電線をコイルという．このコイルに流れる電流を I [A] とすると，円形の中心の磁界の強さ H [A/m] は式4・59において次式が得られる．なお，式中の θ は，接線に対して円の中心方向までの角度は90度であり，$\sin 90° = 1$，また電線が n 回巻かれているときは n 倍する．

$$H = \int \frac{I}{4\pi r^2} dl$$
$$= \int \frac{I}{4\pi r^2} 2\pi r = \frac{I}{2r} \qquad \text{式 4・60}$$

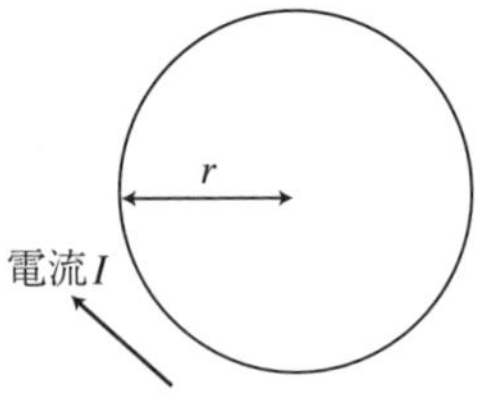

図4・30　円形電線の次回の強さ

§6.　電磁力および電磁誘導

6・1　電磁力およびフレミングの左手の法則

1）電磁力

電磁力とは，図4・31に示すように，磁界中におかれた導体に電流が流れるとき，導体に生じる力のことである．この電磁力 F [N] と電流 I [A]，磁束密度 B [T] の関係を次式に示す．

$$F = BIl \qquad \text{式4・61}$$

この現象は，電動機（モータ）に利用されている．すなわち，外部電源により電流および磁束を発生させると，電磁力が生じる．この力が回転モーメントを生じさせ，軸の回転力として利用している．

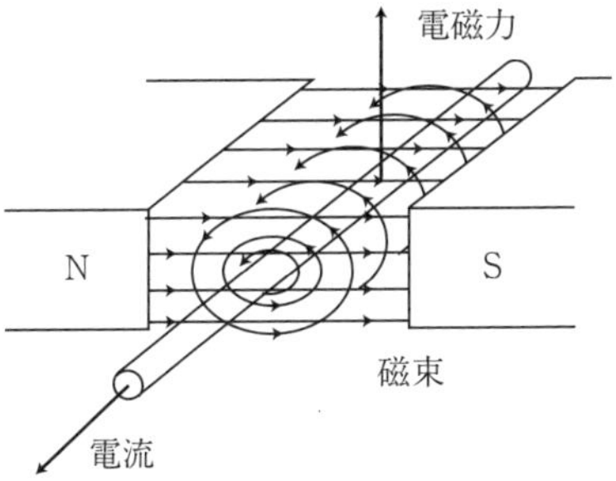

図4・31　電磁力図

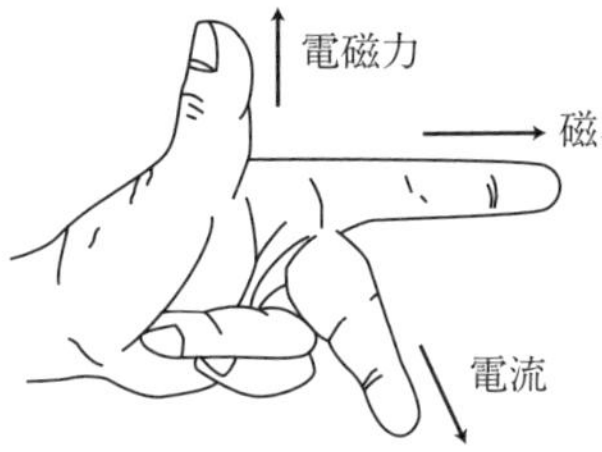

4・32　フレミングの左手の法則

2）フレミングの左手の法則

電磁力 F [N] の方向は，右ネジを電流の方向から磁界の方向に回すとき，右ネジが進む方向に力が働く．図4・32に示すフレミングの左手の法則で表される．

6・2　電磁誘導

1）ファラデーの電磁誘導の法則

電磁誘導とは，図4・33（a）に示すように磁界中におかれた導体に運動を与えると，その導体に誘導起電力（電圧）が生じる，または図4・33（b）に示すように導体と鎖交する磁束が時間的に変化しても同様に起電力が生ずることである．なお，図中の白矢印の方向に磁石を移動させたとき，白矢印の方向に誘導起電力が生じることを示す．

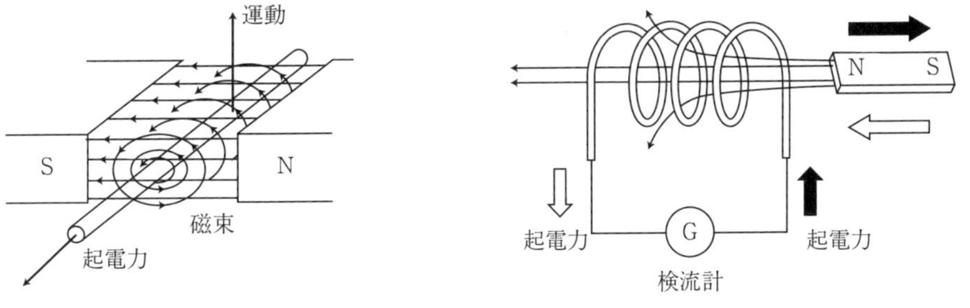

(a)導体の移動　　(b)磁束の変化

図4・33　電磁誘導

この誘導起電力 e [V] は，その導体と鎖交する磁束数 Φ [Wb] が時間的に変化する割合 $d\Phi/dt$ に等しく，次式のようになる．

$$e = -\frac{d\phi}{dt} = -B\frac{d\mathrm{A}}{dt} = -B\frac{l \cdot da}{dt} = -Blv \qquad \text{式 4・62}$$

ここに，B は磁束密度 [T]，dA/dt は導体が単位時間当たりに移動する面積，l は導体の長さ [m]，a は導体の移動距離 [m] である．

この現象は，発電機に利用されている．すなわち，磁界中の導体に運動を与え，起電力を発生させるものである．

2）フレミングの右手の法則

運動の方向は，運動方向から磁界方向に回すとき，ネジが進む方向が起電力の方向である．図 4・34 に示すフレミングの右手の法則で表される．

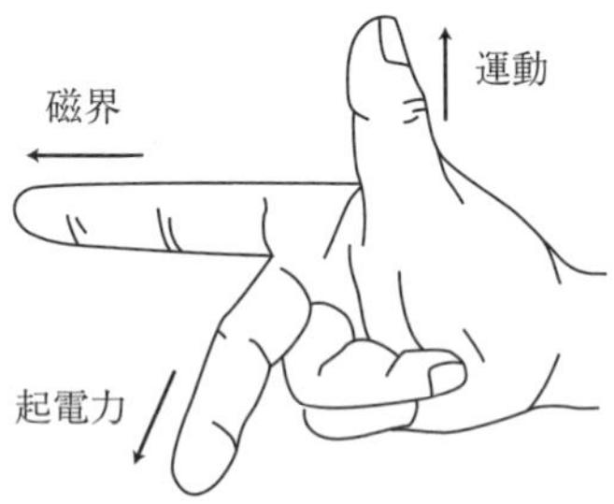

図 4・34　フレミングの右手の法則

3）レンツの法則

レンツの法則とは，磁束の変化に対する誘導起電力（誘導電流）の方向を示すものである．式 4・62 において，マイナス符号がレンツの法則を意味し，磁束 Φ が正の変化率を示すとき，その変化を妨げる方向に誘導起電力が誘起されることを意味する．

図 4・33（b）において，磁石をコイルに接近させると，コイルと鎖交する磁束は増加する．レンツの法則により，左から右への磁束が増加すると考え，アンペアの右ねじの法則により白矢印の方向に誘導起電力が生じる．

6・3　相互誘導と相互インダクタンス

相互誘導とは，図 4・35 に示すように，2 つのコイルを近接させて配置するとき，一次コイルの電流 I [A] を変化させると，二次コイルに誘導起電力 e [V] が生じることである．その関係は次式で表される．M は比例定数であり，相互インダクタンスという．記号は M，単位は [H] である．

$$e_2 = -M\frac{dI}{dt} \qquad \text{式 4・63}$$

可変抵抗器を矢印（実線）の方向へ移動させ，一次コイルの電流 I [A] を増加させると，アンペアの右ねじの法則により下向きの磁束が増加する．これに対して，二次コイルではレンツの法則により，磁束の増加を妨げる方向，すなわち上向きの磁束が増すように矢印（実線）の方向に誘導起電力 e [V] が生じる．この方向も右ねじの法則により決定される．

なお，矢印（点線）は上記の逆の場合を示す．

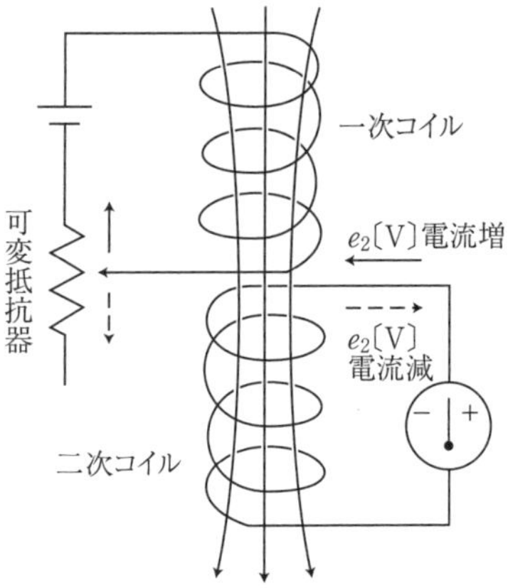

図4・35　相互誘導

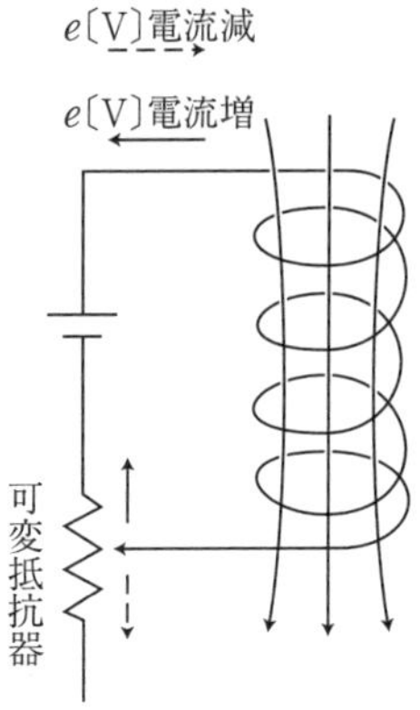

図4・36　自己誘導

6・4　自己誘導と自己インダクタンス

自己誘導とは，図4・36に示すように，コイルの電流 I [A] を変化させると，自分自身のコイルに誘導起電力 e [V] が生じることである．その関係は次式で表される．L は比例定数であり，自己インダクタンスという．記号は L，単位は [H] である．

$$e = -L\frac{dI}{dt} \quad \text{式4・64}$$

可変抵抗器を矢印（実線）の方向へ移動させ，コイルの電流 I [A] を増加させえると，アンペアの右ねじの法則により下向きの磁束が増加する．これに対して，コイルではレンツの法則により，磁束の増加を妨げる方向，すなわち上向きの磁束が増すように矢印（実線）の方向に誘導起電力 e [V] が生じる．この方向も右ねじの法則により決定される．

なお，矢印（点線）は上記の逆の場合を示す．

§7.　交　流

7・1　交流の基礎

交流とは，時間の経過とともに波形が正負に変化するものである．交流には正弦波，方形波，三角波などがあるが，通常，交流といえば正弦波交流を指す．

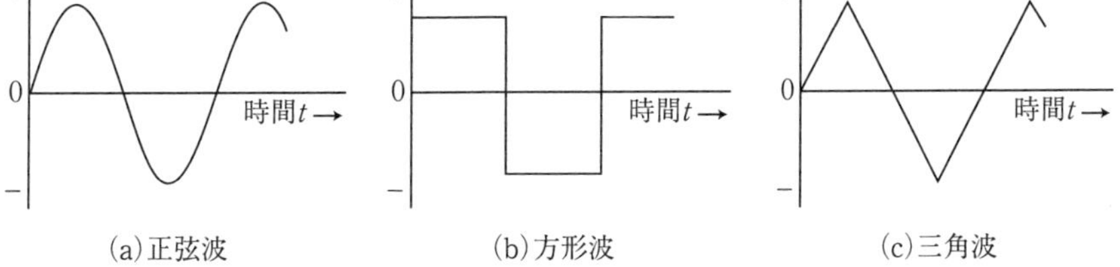

図4・37　各種の交流波形

7・2　正弦波交流

1）誘導起電力

図4・38の1巻のコイルが磁束密度 B [T] の中を，速度 v [m/s] で回転する場合，式4・62で示したファラデーの電磁誘導の法則における速度 v が $v\sin\theta$ であり，この誘導起電力 e [V] は次式で示される．なお，E_m は最大値である．

$$e = Blv\sin\theta = E_m\sin\theta \quad \text{式4・65}$$

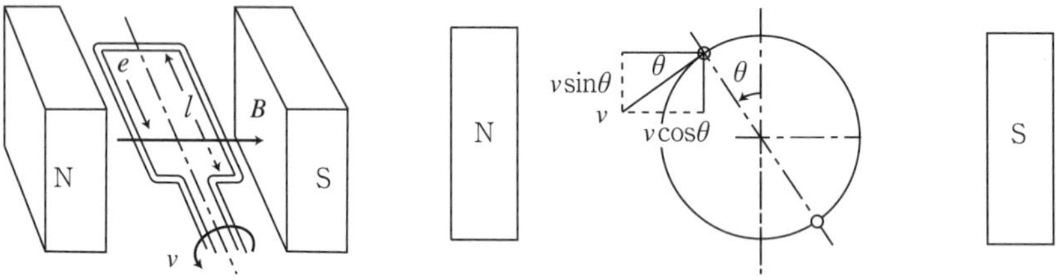

図4・38　誘導起電力

2）周期，周波数，角速度

誘導起電力の波形を図4・39に示す．横軸は時間 t [s] である．この波形において，周期とは波形の1サイクル分にかかる時間であり，記号は T，単位は [s] である．周波数とは1秒間に繰り返すサイクル数であり，記号は f，単位は [Hz]（ヘルツ）である．また，角速度とは1秒間に進む角度であり，記号は ω（オメガ），単位は [rad/s] である．なお，角度とは，1サイクルを360度または 2π rad で表すものである．

周期 T [s]，周波数 f [Hz]，角速度 ω [rad/s] の関係は次式である．

$$T = \frac{1}{f} \quad \text{式4・66}$$

$$\omega = 2\pi f \quad \text{式4・67}$$

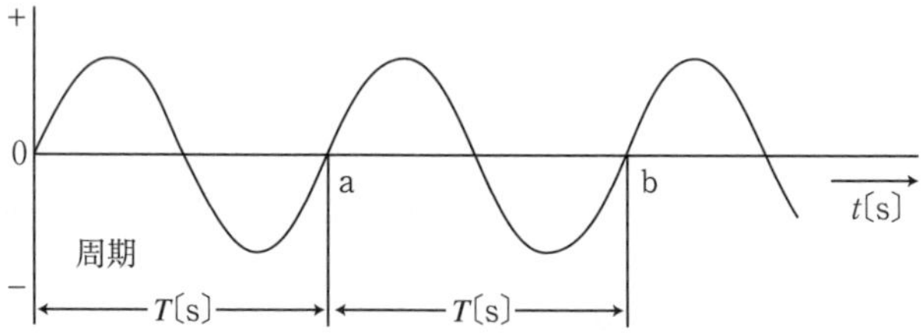

図4・39　正弦波の波形

これらを用いると，誘導起電力の式は下記のように変換できる．

$$e = E_m\sin\theta \quad \text{式4・68}$$

$$= E_m\sin\omega t \quad (\theta = \omega t) \quad \text{式4・69}$$

$$= E_m\sin 2\pi ft \quad \text{式4・70}$$

3）瞬時値，最大値，平均値，実効値

瞬時値は，時間 t における値であり，式4・69で表される．

最大値は，$\sin\omega t=1$ における値 E_m で表される（振幅ともいう）．

平均値は半周期分の面積を区間πで除算したものである（図4・40）

$$E_a = \frac{1}{\pi}\int_0^{\pi} E_m \sin\theta \, d\theta \qquad \text{式4・71}$$

$$= \frac{E_m}{\pi}\int_0^{\pi} \sin\theta \, d\theta$$

$$= \frac{2}{\pi}E_m \quad (= 0.637E_m) \qquad \text{式4・72}$$

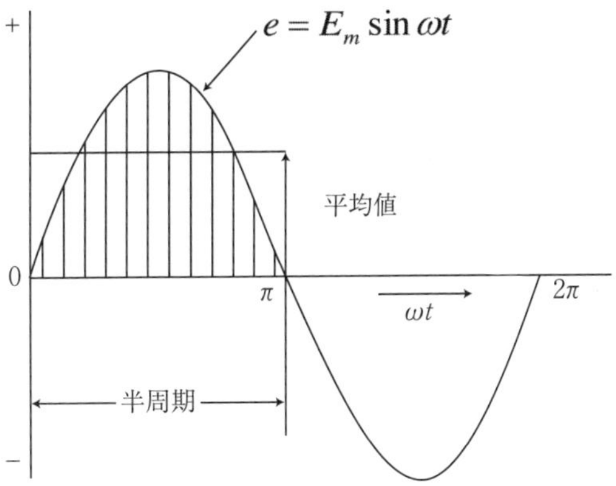

図4・40　交流の平均値

実効値は，直流がする仕事と同じ仕事をする交流の値である．特に断りがない場合，「交流の電圧が100Vである」とは実効値が100Vであることを指す．定義は，1サイクル分の二乗の面積の平均値の平方根であり，r.m.s.（root means-quare）ともいう．（図4・41）

$$E = \sqrt{\frac{1}{2\pi}\int_0^{2\pi} (E_m \sin\theta)^2 d\theta} \qquad \text{式4・73}$$

$$= \sqrt{\frac{1}{2\pi}\int_0^{2\pi} E_m{}^2 \frac{1}{2}(1-\cos 2\theta)\, d\theta}$$

$$= \frac{1}{\sqrt{2}}E_m \quad (= 0.707E_m) \qquad \text{式4・74}$$

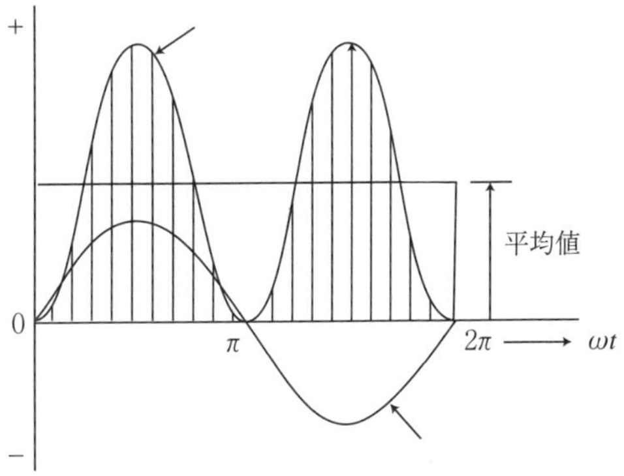

図4・41　交流の実効値

4）位相，位相差

図4・42において，点線で示した基本波形 $e_0 = \sqrt{2}E_0 \sin\omega t$ に対して，$e_1 = \sqrt{2}E_1 \sin(\omega t - \phi_1)$ は位相がϕ_1遅れているという．位相差はϕ_1であるという．

同様に$e_2 = \sqrt{2}E_2 \sin(\omega t + \phi_2)$は位相が$\phi_2$進んでいるという．位相差は$\phi_2$であるという．

同様に$e_3 = \sqrt{2}E_3 \sin\omega t$は位相が同じで同相であるという．位相差はゼロであるという．ただし，E_0，E_1，E_2，E_3は実効値を示す．

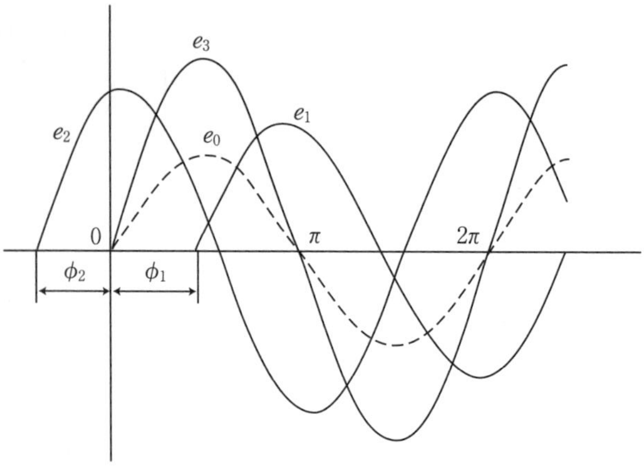

図 4・42　交流波形の位相

5）正弦波交流のベクトル表示

交流波形を表す場合，その都度，波形を明示するか，上記の式を用いる必要があり，計算においても三角関数を処理する必要があり不便である．

そこで，図 4・43 において，右側の交流波形の各角度における電圧（縦軸値）を左側の回転ベクトルで表示すると便利である．この場合，ベクトルの表示が容易なように，横軸に実数，縦軸に虚数からなる複素平面（ガウス平面，付録参照）を用いる．正弦波交流の振幅をベクトルの絶対値（長さ）で，正弦波交流の角速度をベクトルの回転速度 ωt [rad/s] で表示可能になる．

このように，正弦波交流をベクトル表示すれば，図 4・42 の交流波形は図 4・44 の左側で示され，4 つのベクトルは互いの角度を保ちながら角速度 ωt [rad/s] で回転する．

e_0 を基準ベクトルに選ぶ．どのベクトルを基準ベクトルとしてもよいが，解析の中核をなすベクトルを基準ベクトルとする．

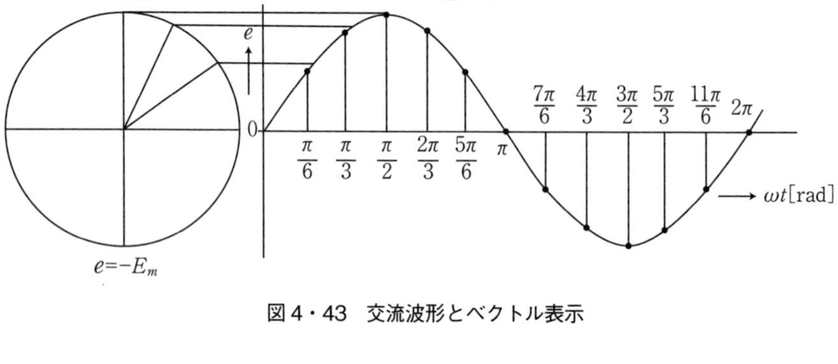

図 4・43　交流波形とベクトル表示

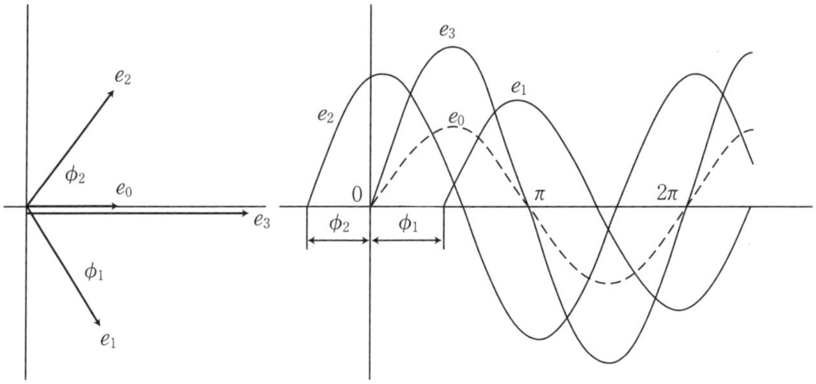

図4・44　交流波形のベクトル表示

7・3　交流の基本素子

交流回路における基本素子（部品）は，1）抵抗，2）コイル，3）キャパシタに区分される．これらの素子に下記の交流電圧 v[V]（ただし，Vは実効値を示す．）を印加したときの電流を求める．

$$v=\sqrt{2}V\sin\omega t \qquad \text{式4・75}$$

1）抵　抗

図4・45に，交流電圧を印加する抵抗回路，その電圧および電流の波形，そのベクトルを示す．ベクトル図のドット（記号の上についた点）はベクトルであることを明記している．

交流回路においても式4・28に示したオームの法則が適用できる．

$$i=\frac{v}{R}=\sqrt{2}\frac{V}{R}\sin\omega t$$
$$=\sqrt{2}\frac{V}{Z}\sin\omega t \qquad \text{式4・76}$$

RをZに置き換えているが，交流では抵抗のかわりにインピーダンスZを用いるためである．記号はZ，単位は［Ω］である．また，電流波形は，電圧波形に対して同相である．

つぎに，上の演算をベクトル計算で行う．

複素平面において，基準ベクトルを電圧ベクトル$\dot{V}$とする．電流波形は電圧波形に対して同相なので，電流ベクトル$\dot{I}$は電圧ベクトル$\dot{V}$をインピーダンス$\dot{Z}$（この場合は実数の抵抗R［Ω］）で除算すればよい．$\dot{Z}$はベクトルで示したベクトルインピーダンスである．

$$\dot{I}=\frac{\dot{V}}{\dot{Z}} \qquad \text{式4・77}$$

$$\dot{Z}=R$$

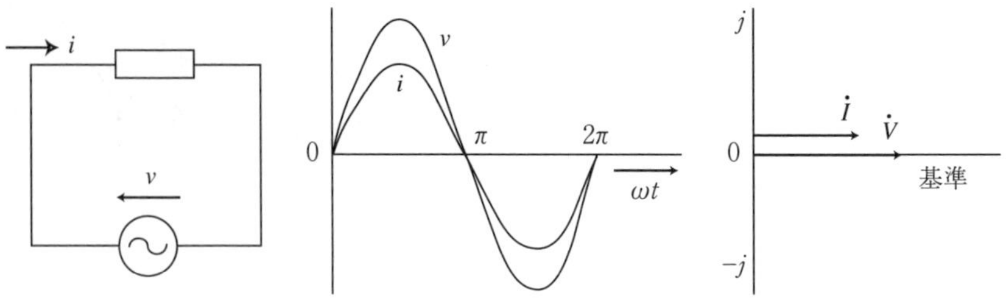

(a)回路　(b)波形　(c)ベクトル図

図 4・45　交流における抵抗回路

2）コイル

図 4・46 に交流電圧を印加するコイル回路，その電圧および電流の波形，そのベクトルを示す．なお，コイル回路をインダクタンス回路ともいう．

コイルにかかる電圧と電流の関係は，式 4・62 で示されたファラデーの電磁誘導の法則と式 4・39 で示されたキルヒホッフの第 2 法則により，次式が導かれる．

$$v = -e = L\frac{di}{dt}$$ 式 4・78

上式を変形，積分すると，

$$\int \frac{di}{dt}dt = \frac{\sqrt{2}V}{L}\int \sin \omega t dt$$

$$i = \frac{\sqrt{2}V}{\omega L}\left(-\cos \omega t\right) = \frac{\sqrt{2}V}{\omega L}\sin\left(\omega t - \frac{\pi}{2}\right)$$

$$= \sqrt{2}\,\frac{V}{X_L}\sin\left(\omega t - \frac{\pi}{2}\right)$$ 式 4・79

したがって，電流波形は，電圧波形に対して 90 度遅れる．このとき，ωL を誘導性リアクタンスといい，記号は X_L，単位は［Ω］である．

つぎに，抵抗の場合と同様ベクトル演算を行う．

複素平面において，基準ベクトルを電圧ベクトル $\dot{V}$ とする．電流波形は電圧波形に対して 90 度遅れるので，電流ベクトル $\dot{I}$ は電圧ベクトル $\dot{V}$ を誘導性リアクタンス $X_L = \omega L$ で除算し 90 度遅らせばよい．すなわち，電流ベクトル $\dot{I}$ は電圧ベクトル $\dot{V}$ を誘導性リアクタンス $X_L = \omega L$ で除算し，90 度遅らすために $-j$（j は虚数単位で $\sqrt{-1}$）を乗算する．

$$\dot{I} = \frac{\dot{V}}{X_L}(-j) = \frac{\dot{V}}{X_L j} = \frac{\dot{V}}{\dot{Z}}$$ 式 4・80

$$\dot{Z} = X_l j$$

ベクトル計算では，最初に誘導性リアクタンスを求め，j を乗算し，ベクトルインピーダンス $\dot{Z}$ を求める．次に，電圧ベクトルをベクトルインピーダンスで除算し，電流ベクトルを求める．そして，電流は電流ベクトルの絶対値（ベクトルの長さ）を算出すればよい．

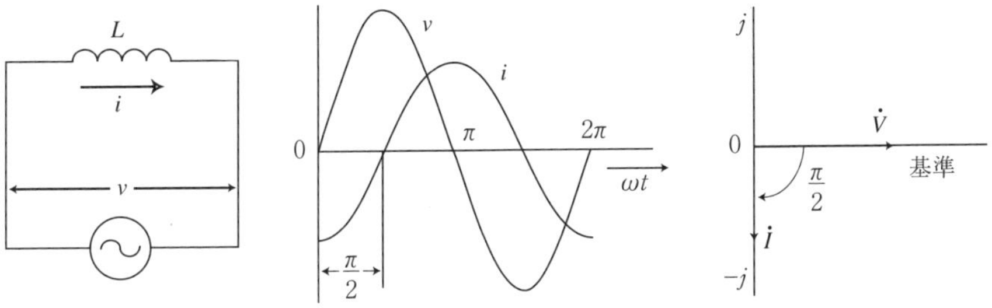

(a)回路　(b)波形　(c)ベクトル図

図4・46　交流におけるコイル回路

3) キャパシタ

図4・47に，交流電圧を印加するキャパシタ回路，その電圧および電流の波形，そのベクトルを示す．なお，キャパシタ回路を静電容量回路ともいう．

キャパシタにかかる電圧と電荷は，式4・16に示したように比例すること，電流は式4・26で示されるように単位時間に流れる電荷であること，から次式が導かれる．

$$
\begin{aligned}
i &= \frac{dq}{dt} = \frac{d\left(\sqrt{2}CV\sin\omega t\right)}{dt} = \sqrt{2}CV\frac{d(\sin\omega t)}{dt} \\
&= \sqrt{2}\omega CV\cos\omega t = \sqrt{2}\omega CV\sin\left(\omega t+\frac{\pi}{2}\right) \\
&= \sqrt{2}\frac{V}{\dfrac{1}{\omega C}}\sin\left(\omega t+\frac{\pi}{2}\right) = \sqrt{2}\frac{V}{X_C}\sin\left(\omega t+\frac{\pi}{2}\right)
\end{aligned}
\qquad \text{式4・81}
$$

したがって，電流波形は，電圧波形に対して90度進む．このとき，$1/\omega C$を容量性リアクタンスといい，記号はX_C，単位は［Ω］である．

つぎに，抵抗の場合と同様ベクトル演算を行う．

複素平面において，基準ベクトルを電圧ベクトル$\dot{V}$とする．電流波形は電圧波形に対して90度進むので，電流ベクトル$\dot{I}$は電圧ベクトル$\dot{V}$を容量性リアクタンス$X_C=1/\omega C$で除算し90度進ませばよい．すなわち，電流ベクトル$\dot{I}$は電圧ベクトル$\dot{V}$を容量性リアクタンス$X_L=1/\omega C$で除算し，90度進ませるために，jを乗算する．

$$
\dot{I} = \frac{\dot{V}}{X_C}(j) = \frac{\dot{V}}{X_C(-j)} = \frac{\dot{V}}{\dot{Z}} \qquad \text{式4・82}
$$

$$
\dot{Z} = -X_C j
$$

ベクトル計算では，最初に容量性リアクタンスを求め，$-j$を乗算し，ベクトルインピーダンス$\dot{Z}$を求める．次に，電圧ベクトルをベクトルインピーダンスで除算し，電流ベクトルを求める．そして，電流は電流ベクトルの絶対値（ベクトルの長さ）を算出すればよい．

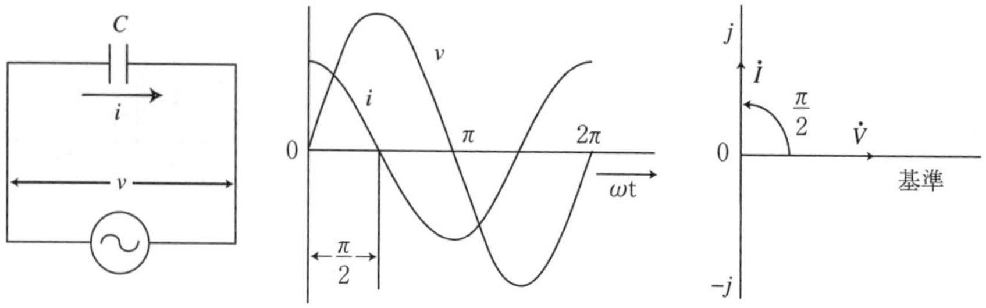

(a)回路　(b)波形　(c)ベクトル図

図 4・47　交流におけるキャパシタ回路

7・4　交流の電力

直流の電力の項で説明したように，交流においても電気エネルギーがなす単位時間当たりの仕事が交流電力である．

交流電力の定義は，電圧の瞬時値 v [V] と電流の瞬時値 i [A] の積 p [W] の平均値 P [W] であり，電圧を $v=\sqrt{2}V\sin\omega t$，電流を $i=\sqrt{2}I\sin(\omega t-\phi)$ とすると，次式で表される．また，これらの電圧，電流，位相差の関係を図 4・48 に示した．

$$p=vi$$

$$P=\frac{1}{\pi}\int_0^{\pi} vi\,dt$$

$$=VI\cos\phi \qquad \text{式 4・83}$$

$\cos\phi$ を力率といい，電圧ベクトルと電流ベクトルがなす角度 ϕ の $\cos\phi$ である．これが 1 に近い程効率が高い．各種電気機器の力率は，運転状態によって異なるが，おおよそ電熱器では 1（抵抗のみのため），蛍光灯では 0.7，電動機では 0.8，電気機器では 0.7～0.8 である．電力には下記に示すように，有効電力，皮相電力，無効電力がある．通常の電力とは有効電力のことであり，電気機器の電気容量を表す皮相電力，電気回路内で電力をやり取りする無効電力がある．

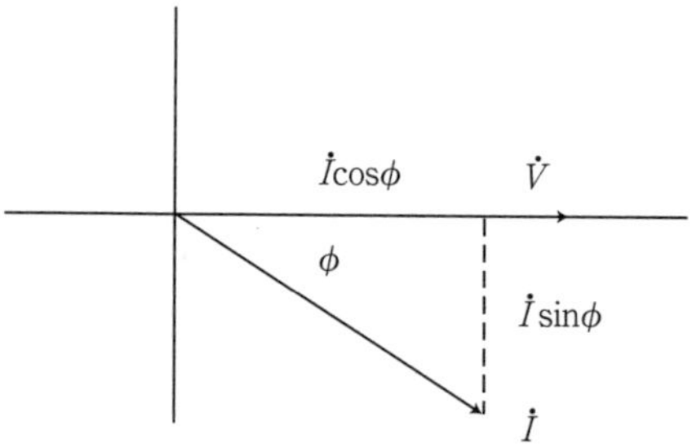

図 4・48 交流の電力

有効電力：P [W]　$P=VI\cos\phi$　式 4・84

皮相電力：S [VA]　$S=VI$　式 4・85

無効電力：P [var]　$P=VI\sin\phi$　式 4・86

付　録

§1. 複素数

1）虚数（imaginary number）

虚数とは，2 乗した値がゼロを超えない実数になる数であり，次式のように負の数の平方根と定義される．ただし，$a>0$ である．

$$\sqrt{-a}$$

2）虚数単位

−1の平方根を j とし，この j を虚数単位として用いる．なお，数学分野では i を用いるが，電気分野では電流 i との混同を避けるため j を用いる．

$$j=\sqrt{-1}$$

したがって，下記の虚数は，虚数単位を用いて次にように表される．

$$\sqrt{-a}=\sqrt{a\times(-1)}=\sqrt{a}\sqrt{-1}=\sqrt{a}\,j$$

3）複素数

任意の2つの実数 a，b に対して，下記の形で書かれる数を複素数という．a を複素数 z の実部，bj を複素数 z の虚部という．

$$z=a+bj$$

4）共役複素数

複素数 $z=a+(-)bi$ における虚部の符号だけが異なる $z=a-(+)bi$ を共役複素数という．分母に複素数を有する分数において，分母分子それぞれに分母の複素数の共役複素数を乗じることを共役化という．

5）絶対値

ある複素数の絶対値とは，その複素数とその共役複素数の積の平方根をいう．複素ベクトルの場合，絶対値はベクトルの長さを表す．

$$z=a+bj$$
$$|z|=\sqrt{a^2+b^2}$$

6）複素数の四則演算

$$(a+bj)+(c+dj)=(a+c)+(b+d)j$$
$$(a+bj)-(c+dj)=(a-c)+(b-d)j$$
$$(a+bj)(c+dj)=ac+adj+bcj+bdj^2$$
$$=(ac-bd)+(ad+bd)j$$
$$\frac{a+bj}{c+dj}=\frac{(a+jb)(c-dj)}{(c+dj)(c-dj)}=\frac{(ac+bd)+(bc-ad)j}{c^2+d^2}$$
$$=\frac{ac+bd}{c^2+d^2}+\frac{bc-ad}{c^2+d^2}j$$

$$(a+jb)c = ac + jbc$$

$$\frac{(a+jb)}{c} = \frac{a}{c} + j\frac{b}{c}$$

$$(a+jb)jc = -bc + jac$$

$$\frac{(a+jb)}{jc} = \frac{(a+jb)j}{jcj} = \frac{-bc+jac}{-c}$$

$$= \frac{b}{c} - j\frac{a}{c}$$

7）複素平面

複素平面とは，図4・49に示すように，横軸に実数，縦軸に虚数単位をとった平面をいい，ガウス平面ともいう．いま，複素ベクトル $z = a + bj$ と考える．このベクトルを角度 θ［度］回転させたベクトルを z_1 とすると，複素指数関数 $e^{j\theta}$ が利用でき，オイラーの公式が適用できる．

$$z = a + bj$$

$$z_1 = ze^{j\theta}$$

$$= z(\cos\theta + j\sin\theta)$$

これにより，基準ベクトルを $\dot{V} = 100$ とすると，90度進める場合（反時計方向に回転する場合）は j を乗算すればよく，$\dot{V}_1 = 100j$ になる．90度遅らせる場合（時計方向に回転する場合）は，$-j$ を乗算すればよく $\dot{V}_2 = -100j$ になる．

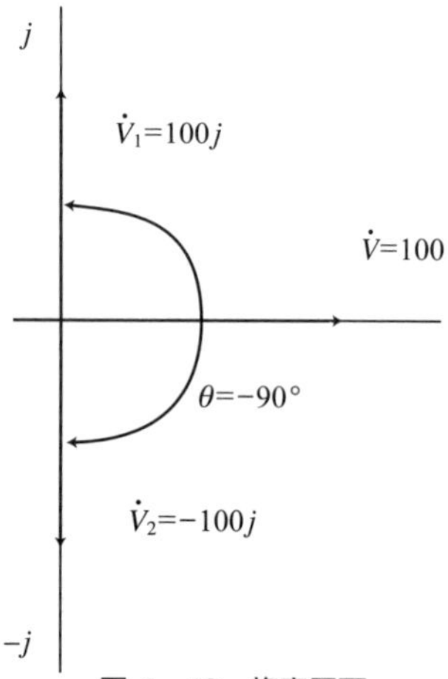

図4・49　複素平面

（酒井久治）

索　引

執筆者紹介（五十音順）

河邊　玲（かわべ　りょう）：1968 年生，北海道大学大学院水産科学研究科博士課程修了，博士（水産科学）．
現在，長崎大学海洋未来イノベーション機構環東シナ海環境資源研究センター
センター長，教授．

北門利英（きたかど　としひで）：1968 年生　大阪市立大学大学院（理・修）修了，博士（農学，東京大学）．
現在，東京海洋大学学術研究院海洋資源学部門教授．

黒倉　寿（くろくら　ひさし）：1950 年生，東京大学大学院（農・博）修了．
現在、東京大学名誉教授．

酒井久治（さかい　ひさはる）：1956 年生，水産大学校研究科修了，博士（農学）．
現在，東京海洋大学名誉教授．

阪倉良孝（さかくら　よしたか）：1967 年生，東京大学大学院（農・博）修了．
現在，長崎大学大学院総合生産科学域教授．

高木　力（たかぎ　つとむ）：1965 年生，北海道大学大学院水産学研究科博士課程修了，博士（水産学）．
現在，北海道大学大学院水産科学研究院教授．

農学・水産学系学生のための
数理科学入門

2011 年 4 月 12 日　初版第 1 刷発行
2024 年 3 月 5 日　　第 2 刷発行

定価はカバーに表示してあります

編　者　日本水産学会　水産教育推進委員会 ©
著　者　河邊　玲・北門利英・黒倉　寿
　　　　酒井久治・阪倉良孝・高木　力
発行者　片 岡 一 成
発行所　恒 星 社 厚 生 閣
〒 160-0008　東京都新宿区四谷三栄町 3-14
電話 03（3359）7371（代）
http://www.kouseisha.com/
印刷・製本：シナノ

ISBN978-4-7699-1251-4　C3041